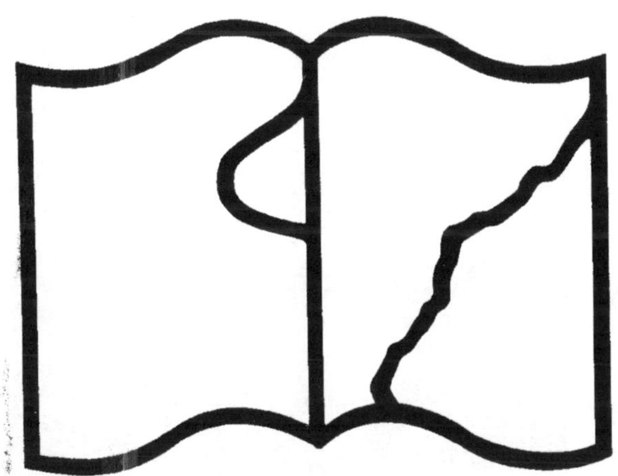

Texte détérioré — reliure défectueuse

**NF Z 43**-120-11

(Conserver la couverture)

## EXPOSITION UNIVERSELLE DE 1900

### GUIDE-SOUVENIR

DE

# L'AQUARIUM DE PARIS

PRIX

**1** fr.

PRIX

**1** fr.

PARIS

H. SIMONIS EMPIS, ÉDITEUR

21, RUE DES PETITS-CHAMPS, 21

1900

# GUIDE-SOUVENIR

DE

# L'AQUARIUM DE PARIS

# Guide-Souvenir

### DE

# l'Aquarium de Paris

## INTRODUCTION

## Les Aquariums d'Europe

On s'étonne à bon droit que la plupart des capitales et des grandes villes d'Europe, où l'on trouve des collections zoologiques très complètes, ne possèdent pas d'Aquarium à eau de mer, ou n'offrent aux visiteurs que quelques bacs peu profonds et à demi-vides où s'agitent quelques hippocampes, où s'étiolent quelques actinies maladives. Seules deux ou trois villes, entre autres Francfort et surtout Naples, faisaient exception jusqu'ici et avaient pu constituer d'importants Aquariums marins.

## L'Aquarium modèle

Il était réservé à Paris de posséder, pour l'Exposition universelle de 1900, l'Aquarium modèle, à la fois œuvre de science et œuvre d'art, où les êtres de la mer s'agiteraient dans des décors sous-marins ; en un mot, l'Aquarium également précieux pour les savants qui poursuivent l'étude de la végétation et de la vie au fond des eaux, et pour le grand public qui vient chercher ici des impressions neuves et des sensations inédites au milieu de tant d'attractions déjà connues.

Le compte rendu méthodique, que nous donnons plus loin, des études préliminaires et des travaux nécessités par la construction de l'Aquarium, expliquera au public pourquoi des établissements de ce genre n'existent en aucune autre ville d'Europe.

On ne saurait imaginer, en effet, quelles difficultés énormes il a fallu surmonter pour mener à bien une telle œuvre, quelle organisation complexe a dû être créée de toutes pièces, pour l'entretenir et la faire fonctionner à souhait.

Les plus hardis ingénieurs auraient hésité à entreprendre la tâche écrasante que MM. Albert et Henri Guillaume ont assumée sans crainte et poursuivie sans trêve, afin de réaliser leur merveilleux rêve d'artistes.

M. ALBERT GUILLAUME

M. Albert Guillaume, bien qu'il n'ait que vingt-sept ans, a depuis longtemps conquis la célébrité. Il la doit à son dessin si personnel, à son talent si finement railleur et si bon enfant à la fois, à cette intarissable verve semée à pleines pages à travers tant d'albums débordants d'esprit parisien, dont chaque titre rappelle un succès : « Des Bonshommes », « P'tites femmes », « Mémoires d'une glace », « Faut voir! », « Étoiles de mer », « Mes campagnes », « Y'a des dames! », « Madame est servie », « Mes vingt huit jours », « R'vue d' fin d'année », etc.

La production de M. Albert Guillaume est considérable ; et pourtant elle ne suffisait pas à satisfaire son étonnante activité.

L'Exposition Universelle était l'occasion de mettre à profit une telle ardeur. Il ne se contentait pas de transporter à la scène les types nés de son crayon, de leur donner la vie, et de faire, pour le *Théâtre des Bonshommes Guillaume*, les plus surprenantes marionnettes ; les grands problèmes de la nature tentaient son esprit aventureux : le monde sous-marin, encore si ignoré, devait l'attirer.

C'est ainsi que, en collaboration avec son frère, il conçut le gigantesque projet de l'Aquarium de Paris.

M. Henri Guillaume s'est chargé de toute la partie architecturale de l'entreprise. Ancien élève de l'École des Beaux-Arts, où il eut de nombreuses récompenses, et dont il sortit avec le diplôme décerné par le Gouvernement, il a, depuis lors, consacré tout son effort d'artiste à la renaissance d'une architecture décorative inspirée par les traditions les plus pures de l'art français. Tout le charme, toute la grâce du xviii<sup>e</sup> siècle revivent dans les diverses œuvres qu'il a signées en collaboration avec le sculpteur Henri Gauquié, et notamment dans l'élégant monument à Watteau érigé au jardin du Luxembourg, et dans celui de la tragédienne Hippolyte Clairon, qui figure à l'Exposition.

M. HENRI GUILLAUME

En modernisant les principes et les procédés de l'art du siècle dernier, il a fait de la façade du *Théâtre des Bonshommes Guillaume* un véritable bijou d'élégance et d'originalité.

## L'Œuvre de deux Artistes

Or, ce sont ces deux artistes au talent tout de délicatesses, qui ont su se plier aux besognes exactes, au labeur formidable d'une telle entreprise.

Depuis plus de trois années, soutenus par une volonté qui ne s'est point affaiblie un seul instant, ils ont vaincu tous les obstacles, pour atteindre enfin le but qu'ils s'étaient fixé.

Par la rapide notice qui va suivre sur la marche des travaux de l'aquarium, nos lecteurs pourront apprécier, d'ailleurs, l'œuvre considérable qu'ils ont accomplie.

# LES TRAVAUX PRÉLIMINAIRES

## Le projet de MM. Guillaume

C'est au mois de novembre 1894 que MM. Albert et Henri Guillaume déposèrent, au Commissariat général, leur projet d'Aquarium géant.

Successivement, les trois commissions constituées pour examiner les propositions d'initiative privée formulées en vue de l'Exposition Universelle, retinrent ce projet.

En mars 1897, l'Administration de l'Exposition l'adoptait définitivement; et, dès ce moment, MM. Guillaume se préoccupèrent des moyens de mener à bien cette entreprise.

Ils firent d'abord un long voyage à travers l'Europe, afin de visiter les Aquariums célèbres, d'en étudier la construction et le fonctionnement; ils virent tour à tour les établissements de Londres, d'Amsterdam, de Francfort, de Berlin, de Naples et le magnifique laboratoire maritime installé à Tatihou, près de Saint-Vaast-la-Hougue, par le savant professeur Edmond Perrier, de l'Institut.

.. De retour à Paris, ils se livrèrent à la construction d'une maquette au dixième, qui, préparée avec le plus grand soin, fut terminée à la fin de septembre 1897.

## La Maquette

. Cette maquette eut un double objet :

D'une part, montrer aux administrateurs de l'Exposition et au public autrement que par des descriptions, toujours vagues, ce que serait l'Aquarium de 1900.

D'autre part, permettre aux concessionnaires de rechercher, dans ce modèle réduit, les divers procédés de décoration pour les premiers plans et l'intérieur des bacs; de se rendre compte de l'effet produit par les bacs garnis de glaces argentées, destinées à donner des impressions de lointains; d'expérimenter les divers systèmes de lumière; de posséder, en un mot, un champ d'études et de recherches qui leur permît de prévoir, jusque dans les moindres détails, la constitution de leur Aquarium.

Il est à peine besoin de rappeler le grand succès obtenu par cette

LE BAC D'ESSAI

maquette, que visita pendant trois mois le Tout-Paris artiste et savant, non plus que les descriptions qui en furent faites et les éloges qu'unanimement la presse lui décerna.

Dès les premiers jours, MM. Alfred Picard, commissaire général de l'Exposition, Chardon, secrétaire général et Bouvard, directeur des services d'architecture, s'étaient rendus à l'atelier de MM. Guillaume, et, après avoir examiné leur maquette, ils leur avaient, une fois de plus, témoigné toute leur confiance dans la réussite de ce projet.

## La concession du Conseil Municipal de Paris

Forts d'un tel résultat, et vivement encouragés de toutes parts à ne point accomplir une œuvre d'une si haute importance pour l'unique période de l'Exposition, MM. Albert et Henri Guillaume sollicitèrent et obtinrent du Conseil municipal de Paris une concession les autorisant à exploiter leur Aquarium pendant neuf années après 1900.

Ils se sont engagés, le laps de la concession écoulé, à s'en dessaisir au profit de la ville de Paris, et à doter ainsi notre capitale d'une attraction unique au monde et vraiment digne d'elle.

Munis de leurs concessions définitives, MM. Guillaume n'avaient plus, en attendant la livraison du terrain concédé, qu'à chercher les moyens pratiques de surmonter les difficultés matérielles de la construction et à préparer sur des bases solides tous les détails d'édification de l'Aquarium.

C'est à ces soins qu'ils employèrent la plus grande partie de l'année 1898.

# Expériences sur la résistance des glaces

Dès le mois de mars ils avaient fait des expériences concluantes sur la résistance des glaces de l'Aquarium.

Un immense bac garni de dalles de verre de dimensions inusitées jusqu'alors — 30 millimètres d'épaisseur et 4 mètres de hauteur — fabriquées spécialement par la manufacture de Saint-Gobain, fut construit et rempli d'eau ; et ces dalles supportèrent des pressions formidables et tinrent en suspension un cube de 24 000 litres d'eau.

Ces expériences ayant donné les résultats les plus satisfaisants, MM. Guillaume résolurent de se servir du bac aménagé à ce propos pour exécuter en grandeur définitive une partie de leur Aquarium.

## Le bac d'essai

Le bac, qu'un hangar fermé de toutes parts tenait à l'abri de la lumière extérieure, fut transformé en quelques jours, garni de rochers, de madrépores et de coraux, décoré d'algues et de végétations marines ; des glaces argentées en centuplèrent la profondeur ; des poissons de toutes grandeurs vinrent y mettre le mouvement et la vie ; et la lumière électrique acheva l'œuvre, en faisant resplendir les mille facettes fantastiques de ce panorama animé.

Cela fait, les deux artistes convièrent, un soir, M. Alfred Picard et le haut état-major de l'Exposition à venir examiner leur essai. Et ils reçurent de leurs visiteurs les félicitations les plus vives et la prédiction d'un grand succès ; car dans cet espace restreint, qui représentait à peine le vingtième de leur grand Aquarium, ils avaient su leur donner l'illusion du fond de la mer avec les effets d'une crevasse volcanique sous-marine, leur montrer des scaphandriers travaillant, des sirènes évoluant dans les lointains ; et ils prouvaient ainsi que leur entreprise serait tout à la fois une œuvre de diffusion scientifique et d'art rayonnant.

## Sympathies et Encouragements

Les sympathies qui, dès le principe, avaient accueilli de toutes parts le projet de l'Aquarium, n'avaient fait que s'affirmer à mesure que ce projet prenait corps et que les expériences que nous venons de mentionner assuraient sa réussite.

L'intérêt général s'attachait de plus en plus à cette entreprise que suivaient avec une égale attention, le monde des artistes et celui des savants.

MM. Guillaume recevaient de tous côtés à la fois les plus flatteurs encouragements; M. Edmond Perrier, notamment, l'éminent professeur au Muséum, les félicitait chaudement de leur initiative et mettait à leur disposition les précieuses ressources de son admirable laboratoire maritime de Saint-Vaast-la-Hougue.

Quant aux pouvoirs publics, ils ne se montraient pas moins favorables à l'Aquarium.

Les promoteurs ont toujours trouvé auprès de l'administration de l'Exposition le meilleur accueil; et c'est à l'unanimité que le Conseil municipal de Paris leur a accordé la concession de neuf années dont nous avons parlé plus haut.

## Précieuses Collaborations

Nous devons ajouter que, pour réaliser leur projet, MM. Guillaume ont su s'entourer des collaborations les plus utiles et les plus dévouées.

Dès la mise en train des premières études, ils ont confié la direction technique à M. Bouchereaux, qui avait été longtemps directeur de l'exposition permanente du Jardin d'Acclimatation, et pour qui toutes les questions relatives à l'ichtyologie, à la pisciculture, à l'aménagement et à l'entretien des Aquariums n'ont pas de secrets.

Secondé à souhait par le sous-directeur, M. Colhs, et par tout le personnel du service technique, M. Bouchereaux a apporté à l'entreprise le concours le plus actif et le plus efficace et préparé avec la plus minutieuse attention le fonctionnement parfait de l'Aquarium de Paris.

# LA CONSTRUCTION DE L'AQUARIUM

## *Le Terrain*

Le 1er janvier 1899, MM. Albert et Henri Guillaume entraient en possession du terrain qui leur avait été concédé sur le Quai de la Conférence pour y établir l'Aquarium de Paris.

Les promoteurs voulaient que cet Aquarium fût souterrain, car ils tenaient à donner à leurs spectateurs l'illusion des lointains sous-marins, illusion à laquelle n'auraient pas manqué de nuire les proportions extérieures d'un édifice, quel qu'il fût.

Immédiatement ils se mettaient à l'œuvre; mais avant de donner le premier coup de pioche, on ne saurait croire avec combien d'administrations et de services différents il leur fallut se mettre en rapport, pour le déplacement des conduites d'eau et de gaz, celui des lignes de tramways, l'enlèvement du pavé, des dalles de trottoir, etc.

Toutes les formalités nécessaires accomplies, ils firent construire un immense hangar de 45 mètres de long sur 25 mètres de large, qui ne coûta pas moins de 11 000 francs, et qui abritait tout le terrain concédé, afin que les travaux ne pussent être un seul instant entravés par les intempéries.

## La fouille

Alors la fouille fut entreprise. Une grue à vapeur fut installée avec wagonnets sur voie Decauville, permettant l'enlèvement quotidien d'un cube de 200 mètres environ.

La fouille se poursuivit normalement jusqu'à 5 mètres de profondeur.

Là, on rencontra le niveau de la Seine dont le lit s'étend en nappe souterraine bien au delà de la ligne des berges.

Le sol n'était plus que du « sable bouillant », ou, en langage de terrassier, de la « terre à poissons », ce qui, bien que d'excellent augure pour les constructeurs d'un Aquarium, ne laissait pas de leur créer de graves difficultés.

Indépendamment de l'impossibilité de continuer la fouille dans l'eau, une autre complication surgissait, en raison de la présence de plusieurs arbres du Cours-la-Reine qui s'élevaient sur une des limites du terrain concédé et que MM. Guillaume se faisaient un scrupule de conserver intacts.

La fouille, faite aux pieds mêmes de ces arbres, en compromettait l'équilibre; et, d'autre part, le sable du fond, affluant avec les eaux, pouvait miner le sol sous leurs racines.

Ils étaient à la merci d'un coup de vent, et ils eussent sans nul doute entraîné avec eux le hangar et tout le talus déjà fait.

## Étayements et Boisages

Il fallut donc interrompre la fouille et procéder sans plus attendre à un formidable étayement des terres. Sur tout le périmètre — environ

# EXPOSITION UNIVERSELLE DE 1900

## PLAN DE L'AQUARIUM ET DE SES ABORDS

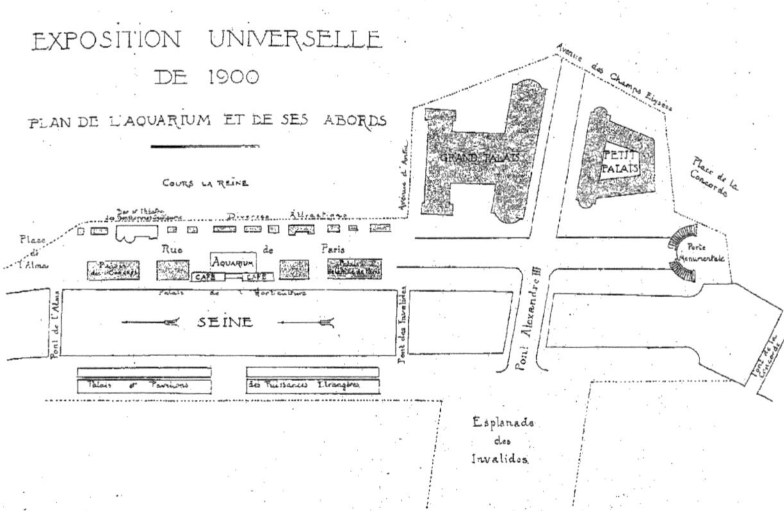

80 mètres — on *sonna des palplanches jointives* de 3 m. 50 de longueur, qui furent enfoncées dans le sol à 1 mètre plus bas que le fond de fouille, et dont les moindres interstices furent comblés avec de la paille solidement pressée.

Ce seul travail nécessita une dépense de 20 000 francs environ.

En même temps, on creusait aux deux extrémités de la fouille deux puits descendant à 1 mètre 50 plus bas que le niveau à assécher. Deux pompes à vapeur de 30 chevaux, installées sur ces puits, fonctionnèrent jour et nuit pendant une période de trois mois.

C'est seulement après avoir pris toutes ces précautions qu'on put continuer la fouille.

Malgré les difficultés de toute nature, malgré la forêt d'étais qui gênait la manœuvre des terrassiers, le fond de fouille était bientôt atteint. Plus de 6000 mètres cubes avaient été extraits et transportés à grands frais aux décharges publiques.

## Ciment armé

Le dernier coup de pioche donné, on établit un fort drainage en conduites de grès, destiné à canaliser les eaux d'infiltration et à éviter qu'une poche d'eau venant à se former entre deux couches de glaise pût créer sur un point, par la sous-pression des eaux de la Seine, une véritable presse hydraulique, dont l'énorme poussée eût compromis l'étanchéité du plancher inférieur. Pour parfaire l'assèchement du fond de la fouille, on étendit un lit de gros cailloux de 40 à 50 centimètres d'épaisseur; puis, sur ce lit de cailloux, une couche de béton permettant de lisser le premier enduit étanche de ciment; et c'est seulement sur ce premier enduit que furent disposés les boisages destinés à servir de moules aux poutres de ciment armé qui, bientôt, allaient former un vaste réseau sur le fond de l'Aquarium, monter verticalement le long de ses flancs, pour se rejoindre au plancher supérieur, tels les cercles d'un immense tonneau.

Certaines de ces poutres ont jusqu'à 80 centimètres de diamètre.

Au fur et à mesure que les longues barres de fer rond, savamment disposées dans les coffres en bois et étroitement reliées par les étriers de fer se trouvaient bloquées dans le béton, le réseau métallique du hourdis venait compléter l'ensemble de ce formidable caisson et opposer aux pressions des terres et de l'eau de la Seine une force invincible.

LE HANGAR DE L'AQUARIUM

## Étanchéité parfaite

Un premier but — celui de la résistance — était atteint. Il restait à obtenir l'étanchéité absolue qui permit la suppression des pompes. On revêtit pour cela toute la surface intérieure d'un enduit lisse de ciment pur de 2 centimètres d'épaisseur.

Ce travail, très minutieux malgré son grand développement, fut exécuté avec un soin extrême et donna le meilleur résultat.

Pourtant, on pouvait craindre encore que, les pompes arrêtées et les eaux de la Seine affluant sous l'Aquarium et tout autour à une hauteur de 2 mètres 50, la pression fût telle qu'elle suffit à soulever et à déplacer cet énorme caisson, construit cependant en matériaux lourds, dont le poids était évalué à plus de 800 tonnes.

On s'empressa donc de surcharger la construction. Dans ce but, on fit sur toute la surface du plancher supérieur, soit 800 mètres superficiels, un remblai de terre de 50 centimètres, dont le poids était d'environ 120 000 kilogrammes. En outre, l'ossature métallique des bacs de l'Aquarium, qui devait être montée dès que le caisson serait terminé, fut étalée sur le plancher inférieur, de façon à ajouter au poids général son appoint de 45 tonnes.

Ces précautions prises, les pompes furent arrêtées, et l'on put constater que toutes les prévisions s'étaient réalisées à souhait : on avait obtenu tout à la fois et la résistance contre les pressions et l'étanchéité la plus absolue.

## Le mur du quai

Durant quinze jours d'observation, on garda les pompes à leur poste en cas d'accident; puis, ce laps de temps écoulé, on procéda au déboisage complet des étais, on combla les puits; et, pour permettre la construction des portes donnant accès dans l'Aquarium au niveau de la berge, on commença à entamer une brèche de 11 mètres dans le formidable mur de quai qui n'a pas moins de 3 mètres 50 d'épaisseur à sa base.

Ce mur de quai descend à une profondeur de 8 à 9 mètres, c'est-à-dire plus bas que le sol de l'Aquarium. Il date de Louis XVIII. Les concessionnaires ne purent, avant de commencer leurs fouilles, se procurer sur la construction de ce mur des renseignements qui eussent pu leur être utiles, tous les plans et papiers qui le concernaient ayant été anéantis à l'Hôtel de Ville pendant la Commune.

## L'Armature de fers

Le moment était venu de procéder au montage des fers destinés à soutenir les dalles de verre des différents bacs.

Avant de décrire les phases de ce travail, il nous paraît utile de donner quelques détails sur la disposition nouvelle de cette armature de fers.

L'idée première des promoteurs de l'Aquarium étant de donner aux visiteurs l'illusion qu'ils se trouvent eux-mêmes au fond de la mer, il était de toute nécessité de ne point adopter la disposition habituelle des Aquariums existants. Cette disposition, qui consiste uniquement à ouvrir dans de sombres parois une suite de fenêtres de forme plus ou moins

LES TRAVAUX DEVANT LE MUR DU QUAI

rectangulaire, permettant d'apercevoir les êtres contenus dans les bacs, est complètement défavorable à tout effet d'illusion.

Il fallait, au contraire, que les bacs fussent clos de dalles de verre aussi bien au premier plan qu'à l'arrière-plan, afin qu'on pût placer derrière ces bacs des décors qui, avec le secours d'un jeu de glaces réfléchissantes, montreraient aux yeux étonnés des spectateurs, d'immenses profondeurs d'eau et de lointaines perspectives sous-marines.

On voulait — et la maquette dont nous avons parlé plus haut avait été construite dans cet esprit — donner en quelque sorte à l'Aquarium l'aspect d'une clairière sous-marine de forme elliptique ; et, pour cela, il

ne devait y avoir, entre chaque dalle de verre et la dalle voisine, d'autre solution de continuité que celle pouvant se dissimuler à l'aide d'une algue, d'un rocher, d'une basalte, d'un buisson de corail, d'une vergue d'épave ou d'une stalactite de glace.

Il s'agissait donc de trouver le point d'appui suffisamment mince et étroit pour réaliser cette donnée, et assez résistant, cependant, pour maintenir en suspension des cubes d'eau d'un poids formidable.

Il fut reconnu que le fer était la matière pouvant se prêter le mieux à ces combinaisons, à la condition, toutefois, de le protéger — indépendamment de la couche de minium — par un fort enduit d'un ciment spécial qui le mît à l'abri des atteintes de l'oxydation.

Dans le cas présent, le fer oxydé devait être doublement nuisible : non seulement lui-même se désagrégeait, mais la rouille, troublant l'eau de mer compromettait l'existence des poissons.

## *Le Joint*

Une autre question de la plus haute importance se posait : chaque montant de fer étant destiné à supporter une dalle sur chacun de ses côtés, quelle disposition et quelle matière fallait-il adopter pour l'étanchéité de ce joint double ?

Dès le principe, le caoutchouc fut écarté pour les raisons suivantes :

D'abord, son prix élevé et l'énorme quantité qui eût été nécessaire auraient entraîné des frais considérables.

En outre, à une pression inégalement répartie comme celle de l'eau sur les dalles de l'Aquarium, qui ont 3 m. 50 de haut et résistent à une poussée qui est 0 à la partie supérieure et 20 ou 30 000 kilogrammes à la partie inférieure, le caoutchouc ne peut opposer une surface plane. Il se comprime inégalement sur les 3 m. 50 de hauteur et détermine un gauchissement de la dalle qui doit fatalement entraîner la cassure.

Il fallait donc opposer à la surface parfaitement plane des dalles de verre une surface également plane et suffisamment résistante. Il fallait également éviter aux dalles le contact du fer et laisser, en vue des dilatations, tout le jeu possible à ces cloisons de verre.

La place nous manque pour rapporter en détails tous les essais, toutes les expériences que nécessitèrent ces différentes recherches.

Il nous suffira d'en donner le résultat.

## Les montants de fer

Le système adopté fut une combinaison de fer à T dont l'âme mesure 30 centimètres et les deux ailes 5 centimètres dans les deux tiers de la hauteur (4 m.). Dans le dernier tiers, ce pied-droit va s'élargissant en proportion avec l'augmentation du poids de la pression de l'eau.

Aussi bien au premier qu'au second plan, ces pieds-droits reposent sur des sablières basses, noyées et retenues par des pattes à scellement dans la masse du ciment qui constitue le fond des bacs.

De plus, ces sablières sont reliées entre elles par des entretoises hautes et basses qui font que toutes les parties de l'ossature métallique de chaque bac forment un ensemble complètement indépendant des bacs voisins, malgré l'illusion d'unité.

L'élargissement du pied-droit à sa base détermine naturellement le rétrécissement de la dalle de verre, de sorte que, sur tous les points, la force de résistance de cette dalle se trouve toujours en proportion avec la poussée intérieure.

Les calculs ont été établis pour que l'ensemble de l'armature des bacs (fers et dalles de verre) puisse supporter une pression trois fois plus forte que celle à laquelle il est soumis, afin de donner au public la plus parfaite sécurité.

## Joints étanches

L'étanchéité du joint a été obtenue à l'aide de règles en pitch-pin non saigné, c'est-à-dire aussi résineux que possible. Ces règles, rabotées avec le plus grand soin au niveau d'eau, ont été enduites d'un épais mastic composé de céruse et de minium; elles ont été moulurées de façon à épouser complètement la forme des deux cornières formant les ailes du fer à T; en outre, des boulons fraisés en cuivre les relient étroitement à l'âme du fer.

Sur ces règles, disposées en quelque sorte ainsi qu'un cadre dont la feuillure a une largeur de 4 centimètres, on vient poser la dalle, comme on pose un tableau dans son encadrement.

D'autres petites règles de pitch-pin sont placées de manière à éviter le contact de la tranche de la dalle avec l'âme du fer. Enfin, des règles, analogues aux premières, sont posées à la face postérieure de la dalle, de façon à la maintenir en place si l'on vient à vider l'eau contenue dans le bac.

Avec cette combinaison, c'est la glace qui fait elle-même son joint. On se contente de lui offrir une surface aussi plane que la sienne propre, et éminemment résistante, ne pouvant avoir aucune flèche — ce qu'on n'eût pu obtenir si l'on avait employé le caoutchouc — et, par ce moyen, c'est la pression de l'eau sur la glace qui fait le joint, le rôle du mastic n'étant que d'assurer l'adhérence.

## Dalles de verre

Pour les dalles de verre, la manufacture de Saint-Gobain a apporté à MM. Guillaume la plus précieuse et la plus intelligente collaboration. Ses ingénieurs ont, par de longs calculs, établi des barêmes pour arriver à la fois au maximum de résistance et de sécurité.

Ces dalles qui sont, à l'Aquarium, d'une transparence absolue, ont, au sortir du four, une épaisseur de 4 centimètres. Le polissage au grès et à la poudre de verre les ramène à l'épaisseur de 33 millimètres, qui est considérée par les ingénieurs de Saint-Gobain comme l'épaisseur maxima correspondant à la résistance également maxima du verre employé en dalles polies. La tranche est grainée soigneusement et dépolie, pour que la moindre cassure ne puisse passer inaperçue, et, par la suite, gagner en largeur et compromettre la solidité de la glace.

On a adopté pour les bacs de l'Aquarium le principe de deux dimensions de dalles : celles du premier plan ont : hauteur 3 m. 50; largeur : 80 centimètres en haut et 50 centimètres en bas; celles du deuxième plan : hauteur 2 mètres; largeur : 1 mètre en haut et 70 centimètres en bas. Les dalles du premier plan pèsent 350 kilogrammes; celles du deuxième plan 250 kilogrammes.

Leur mise en place a exigé des précautions infinies. Sans parler des embarras à l'arrivée des glaces au chantier, des précautions à prendre pour leur transbordement, les difficultés étaient grandes de manier des masses à la fois aussi pesantes et aussi fragiles. L'équipe d'ouvriers qui, au moyen de palans différentiels accrochés au plancher supérieur, procéda à leur pose, a mené ce travail avec tant d'habileté, qu'une seule dalle sur deux cents se brisa pendant la mise en place.

Outre les dalles transparentes, les glaces argentées jouent un rôle important à l'Aquarium. Tous les décors qui se trouvent derrière la tranche d'eau sont tapissés de glaces placées sous certains angles, afin de donner des effets de profondeur à l'infini.

## Expériences d'étanchéité

Tout ce dont nous venons de parler constitue l'armature de l'Aquarium. Une fois cette ossature, toute de ciment, de fer, de verre, terminée, il fallut, avant de se livrer à la décoration des bacs, s'assurer que toutes les prévisions s'étaient réalisées et que l'étanchéité était parfaite. En conséquence, on emplit les bacs avec de l'eau douce. Aucune fuite ni aucune rupture ne se produisirent, et cette eau, laissée quelque temps dans les bacs, servit à faire jeter le feu du ciment.

LE BAC D'ESSAI POUR LES RÉSISTANCES DES GLACES

Cela fait, on exécuta la décoration des bacs avec des matériaux provenant de la mer : coraux, madrépores, algues, éponges, pierres marines, etc.

Nous parlerons de cette décoration, particulière pour chaque bac, dans la seconde partie de ce travail : « la visite à l'Aquarium ».

Et nous allons poursuivre la description des travaux en donnant des détails sur l'arrivée de l'eau de mer, sa circulation dans les bacs, les filtres, les citernes, les élévateurs à air comprimé, la tuyauterie ; en un mot, sur tout le système spécial employé à l'Aquarium.

# EAU DE MER

## *Bateaux-citernes*

L'eau de mer est apportée à l'Aquarium par des bateaux-citernes de la Compagnie Burnett and Sons.

Ces bateaux, dont l'organisme est semblable à la vessie natatoire des poissons, prennent, avant d'entrer dans la Seine, de l'eau de mer dans leurs citernes, afin de pouvoir passer sous les ponts.

Arrivés à Paris, et, au fur et à mesure qu'on les charge, l'eau de mer est pompée et rejetée dans la Seine.

Les concessionnaires de l'Aquarium s'entendirent avec la Compagnie Burnett pour que cette eau leur soit fournie au lieu d'être rejetée. Ils firent nettoyer les citernes avec le plus grand soin et consentirent à des frais spéciaux pour que l'eau fût prise au large et leur arrivât pure et non contaminée par les immondices de l'embouchure de la Seine.

Le bateau, avant de gagner le port Saint-Nicolas, au pont des Saints-Pères, s'arrête au quai, devant l'Aquarium, et par le secours de ses pompes il fait passer l'eau de mer de ses citernes dans celles de l'Aquarium. 70 à 80 mètres cubes sont ainsi amenés à chaque voyage. Cinq voyages ont été nécessaires pour apporter à l'Aquarium les 350 mètres cubes qu'il contient.

## *La conservation de l'eau de mer*

L'eau de mer est, en quelque sorte, un être vivant, composé d'animalcules. Contrairement à ce qu'on croit en général, on peut la conserver indéfiniment, à condition de la filtrer, de l'oxygéner, de la battre, de surveiller la densité du sel, qu'il est facile de diminuer par une adjonction d'eau de source ou d'augmenter par une adjonction de chlorure de sodium.

## *Sa circulation à l'Aquarium*

La circulation de l'eau de mer à l'Aquarium est absolument analogue à celle du sang dans le corps humain. L'eau qui s'échappe des trop-pleins, chargée d'impuretés, est comparable au sang veineux. Le sang artériel, c'est l'eau purifiée au sortir du filtre qui remplace l'intestin et le foie; les pulsations du cœur, ce sont celles des compresseurs, qui renvoient

SALLE DES MACHINES (DYNAMOS ET POMPES)

cette eau dans les conduites, après qu'elle a été oxygénée par l'air comprimé, qui tient ici le rôle des poumons.

Ainsi se retrouvent tous les organes nécessaires à la circulation et à la régénération du sang.

## Contenance de l'Aquarium

Nous avons dit plus haut que la contenance totale de l'Aquarium représentait environ 350 mètres cubes. Ce chiffre est formidable comparé à la plupart des Aquariums connus. Au Jardin d'Acclimatation, notamment, dix bacs à eau de mer ne contiennent que 1 mètre cube chacun.

Ces 350 mètres cubes constituent pour l'Aquarium un inappréciable avantage, car l'eau de mer se conserve d'autant mieux que son cube est plus grand.

## Les effets de l'eau de mer

L'eau de mer ne doit pas être mise en contact direct avec certaines matières qui peuvent lui nuire; or, ces matières sont très nombreuses :

Le fer, la tôle, la fonte ou l'acier s'oxydent rapidement; le zinc disparaît en une heure comme dans une pile électrique; la pierre meulière se désagrège; le goudron, qu'il serait si précieux de pouvoir employer, ne souffre pas, mais rend l'eau inhabitable pour les animaux.

Les seules matières que l'on puisse mettre en contact avec l'eau de mer sont le ciment, quand il a jeté son feu, le caoutchouc; le plomb, le cuivre, le verre.

C'est à cause de cela que les montants métalliques des bacs de l'Aquarium ont été recouverts d'une couche protectrice de ciment de plus de 2 centimètres, et qu'on a également protégé, à l'aide d'un vernis spécial, l'argenture des glaces des parois latérales des bacs.

## Les Appareils à air comprimé

L'air comprimé employé à l'Aquarium a le double avantage de servir pour la force motrice et pour l'oxygénation de l'eau; il la fait circuler et la purifie en même temps.

Le système des conduites d'eau est une circulation sans fin.

L'eau est prise dans la citerne par des compresseurs-élévateurs à air comprimé au nombre de trois, construits exprès en bronze et cuivre avec tuyauterie en plomb.

Ces appareils automatiques, placés en contre-bas du niveau d'eau de la citerne, se trouvent constamment remplis au fur et à mesure que la pression de l'air en a chassé le contenu dans la couronne de tuyaux de plomb distributrice de tous les bacs.

Ils se composent de deux compartiments. Tandis que l'un s'emplit de l'eau qui vient de la citerne, l'autre projette dans les tuyaux la quantité d'eau qu'il contient.

Cette eau se trouve là en présence d'une pression de 5 kilos, comparable à la pression exercée par l'acide carbonique dans un siphon d'eau de seltz.

Cette première oxygénation lui est déjà très salutaire, et elle se trouve

en même temps *battue* par le bouillonnement qui résulte du choc de la pression.

## L'arrivée de l'eau dans les bacs

De là, elle passe dans la couronne distributrice qui court le long de la partie supérieure de tous les bacs.

Chaque bac est pourvu de deux forts robinets de cuivre : l'un est libre, et est destiné uniquement au remplissage rapide d'un bac ; l'autre, c'est le robinet qui fonctionne douze heures sur vingt-quatre en temps ordinaire. Il est relié à une sorte de bouteille de plomb destinée à répartir la pression sur une rampe en cuivre garnie de cinq ajutages formant chalumeaux et projetant dans le bac une véritable pulvérisation d'eau et d'air qui forme, jusqu'à plus de 1 mètre de profondeur, une sorte de nuage composé de globules d'air précipités dans le volume d'eau.

C'est ainsi que l'oxygénation se complète.

## L'évacuation de l'eau

Le surcroit de volume d'eau, causé par l'alimentation continue, trouve son évacuation dans des trop-pleins construits partie en grès et en plomb, allant tous rejoindre la couronne basse qui, en vertu du principe des vases communicants, ramène l'eau au filtre, sans le secours d'aucun moyen mécanique.

Les parois du filtre, de même que celles de la citerne, sont tapissées d'un revêtement de carreaux de verre, pour faciliter le nettoyage et entretenir la propreté de ces appareils.

## Les filtres

Toutes les combinaisons de filtres à charbon, éponges, sable de rivière, déterminant des précipités de chaux dans l'eau de mer, ont été rejetées.

Il a été reconnu que le filtre idéal pour l'eau de mer, c'était du sable de mer composé de gravier de silex concassé. La couche de sable marin du filtre de l'Aquarium a 1 mètre 40 centimètres d'épaisseur.

## L'air comprimé

L'air comprimé dont nous avons déjà parlé à plusieurs reprises, était, dans le cas présent, le meilleur agent de force motrice qu'on pût rêver. Il ne nécessite aucun approvisionnement de charbon, ne produit pas de fumée, ne répand pas d'odeur ; il ne cause même pas de bruit, car les échappements sont renvoyés à l'égout.

Comme nous l'avons dit plus haut, il sert à faire circuler l'eau et à l'oxygéner ; en outre, il actionne les pompes pour tous les services auxiliaires, et produit l'énergie pour l'éclairage électrique.

Les deux moteurs de 25 chevaux construits à cet effet ont été posés sur le mur de quai afin d'éviter les trépidations. Au moyen d'une trans-

COMPRESSEURS-ÉLÉVATEURS A AIR COMPRIMÉ

mission, ils actionnent également deux dynamos qui peuvent charger une batterie d'accumulateurs permettant l'arrêt momentané des machines.

## Éclairage électrique

Le procédé usité pour l'éclairage des bacs de l'Aquarium est celui des lampes à arc. Il est préférable à l'incandescence, parce qu'il donne une lumière lunaire, une coloration glauque qui produit des effets plus impressionnants et des ombres portées plus nettes et plus noires pour les projections des poissons sur le velum du plafond.

## Brevets d'invention

L'ensemble des combinaisons spéciales mises en œuvre pour la construction de l'Aquarium de Paris fait l'objet de brevets qui assurent à MM. Guillaume la propriété exclusive de leur invention.

## L'acclimatation

Tandis que s'exécutait au Cours-la-Reine la gigantesque besogne dont nous venons de parler, le directeur technique de l'Aquarium, dans un laboratoire établi à Choisy-le-Roi, réunissait toutes les variétés d'êtres marins, poissons, mollusques, crustacés, tous les types d'algues, de madrépores, de polypes, en vue du peuplement de l'Aquarium.

Dès que les bacs furent terminés, décorés, puis nettoyés soigneusement et assainis, c'est-à-dire, dès que le ciment qui tapisse les fonds eût jeté son feu dans l'eau douce, et qu'il fut possible de les emplir d'eau de mer, une foule d'animaux vinrent y mettre la vie.

Ainsi, plusieurs mois avant l'ouverture de l'Exposition, se poursuivait à l'Aquarium, d'une façon méthodique et raisonnée, une acclimatation entretenue, depuis lors, par les nombreux envois des correspondants établis sur les côtes de la Manche, de l'Océan et de la Méditerranée.

****

Telle est, rapidement résumée, l'histoire de la construction de l'Aquarium de Paris.

Nous avons tenu à en décrire nettement toutes les phases, estimant que les visiteurs prendraient un vif intérêt au récit des difficultés qu'il a fallu vaincre, des obstacles qu'on a dû surmonter pour mener l'œuvre à bonne fin et leur offrir le spectacle féerique auquel ils sont conviés.

# VISITE A L'AQUARIUM

## *L'Entrée*
## *Le Vestibule*

Sur la berge du Cours-la-Reine, de chaque côté du grand escalier qui mène aux jardins et aux serres de la Ville de Paris, s'ouvrent les deux porches monumentaux de l'Aquarium de Paris.

Franchissons l'un d'eux.

Nous voici dans le vestibule, où le public a libre accès, et auquel les constructeurs ont donné l'aspect des grottes de la mer sauvage sur le littoral breton.

Les touristes qui ont parcouru la presqu'île de Quiberon, Belle-Isle-en-Mer, l'île de Groix, ont pu visiter, en canot et à mer basse, ces excavations profondes creusées dans des roches schisteuses par le flot, qui s'y précipite avec un formidable fracas.

Ils en auront, à leur arrivée à l'Aquarium, une reproduction très précise, car, dans la construction de cette caverne, MM. Guillaume ont poussé le souci de la vérité jusqu'à faire venir par wagons de Port-Bara, près de Quiberon, les roches schisteuses incrustées de fragments de mica, dont elle est formée.

## Le Triomphe d'Amphitrite

Entre l'entrée et la sortie de l'Aquarium, dans la muraille de cette grotte, se trouve encastré le premier bac de l'Aquarium, celui dans lequel les promoteurs ont, en quelque sorte, voulu synthétiser la pensée qui a présidé à l'éclosion de leur projet.

Ce bac, comme tous ceux que nous verrons au cours de notre visite, est garni d'algues et de plantes marines et habité par d'étranges animaux de l'Océan.

En outre, au fond, s'érige le superbe groupe du *Triomphe d'Amphitrite*, du sculpteur Henri Gauquié.

Sous les frémissements de l'eau, à travers les évolutions des poissons, la déesse de l'Océan apparaît, merveilleuse en sa blanche nudité, debout, svelte, sur la conque marine que portent les tritons et les nymphes des eaux.

Dans la lumière glauque et mystérieuse qui flotte à travers l'onde du bac, c'est une apparition délicieuse et bien digne d'arrêter les regards de la foule.

Ainsi, dès l'entrée même à l'Aquarium, MM. Guillaume ont tenu à joindre l'œuvre d'art à l'œuvre de science, afin de caractériser nettement l'idée qui a conduit tous leurs efforts.

---

# DANS L'AQUARIUM

## L'impression générale

A droite du bac d'*Amphitrite* s'ouvre un passage voûté plus étroit et plus sombre.

Il conduit dans la salle de l'Aquarium.

Là, nous tombons en plein rêve....

Partout, en face, en arrière, à droite, à gauche, sur nos têtes, partout le fond de la mer avec ses lointains mystérieux, avec ses colorations si variées, avec sa vie intense et son mouvement incessant.

Le long de l'immense ellipse constituée par les parois extérieures de

MM. GUILLAUME DIRIGEANT LES TRAVAUX D'EXTRACTION DES ROCHES MARINES
SUR LA CÔTE DE QUIBERON

l'Aquarium, toute la flore, toute la faune de l'Océan vont se révéler à nos yeux.

Voici les longues herbes marines, les goémons, les varechs, les algues aux fines découpures qui croissent sur les bas-fonds. Voici ces fleurs vivantes que les savants appellent des zoanthaires et des anthozoaires, et qui ornent si merveilleusement les jardins de la mer. Voici les polypiers et les madrépores, les éponges de toutes les formes, les coraux de tous les tons, depuis le corail blanc jusqu'à l'écume de sang.

Les poulpes, les calmars sortent des anfractuosités des rochers, aux flancs desquels s'attachent toutes les variétés de mollusques et d'anémones de mer.

Le sable du sol, où de toutes parts rampent les crustacés, est émaillé d'astéries et d'une multitude de coquillages.

Entre deux eaux se balancent les méduses avec leurs clochettes blanches ou bleuâtres, dont les tentacules sont pareils à des pampilles translucides.

Et, dans les ondes calmes, s'agitent les poissons de toutes formes et de tous genres, depuis la modeste sole jusqu'au requin, ce fauve de l'océan.

Aucune description ne peut rendre l'aspect vraiment merveilleux que prennent cette faune et cette flore sous-marines dans la magie des rayons lumineux. Nulle expression ne saurait donner une idée du spectacle éblouissant qui se déroule aux yeux des visiteurs dans ce radieux jardin de l'océan, transporté, comme par enchantement, au centre même de Paris.

## La Salle

La salle, ainsi que nous l'avons dit plus haut, est de forme elliptique.

Ses dimensions sont de 25 mètres de longueur sur 12 de largeur. Cinq cents personnes y tiennent à l'aise.

La voûte d'entrée et celle de la sortie sont faites de rochers semblables à ceux dont est constitué le vestibule.

D'autres rochers en forme d'aiguilles ou de basaltes se dressent également en divers points de la salle. A leurs flancs s'attachent les plantes et les êtres de la mer : auprès d'un chapelet de moules s'étalent les éventails jaunes et ajourés des gorgones, et, çà et là, apparaissent, contrastant avec la nuance sombre du roc, les brillantes coquilles des scalaires, des turbonilles, des pintadines.

Jusqu'au milieu de la salle s'avance, profondément enfoncée dans le sable du sol, l'étrave du bateau naufragé, dont la coque se continue à travers l'un des bacs les plus importants et va se perdre dans une lointaine perspective.

Les cordages, les fragments de voiles attachés au mât, les chaînes, l'ancre, et d'autres gréements, ainsi que la curieuse proue du navire qui porte une naïve statue de bois représentant une sirène, tout cela concourt à donner à ce côté de la salle l'aspect le plus pittoresque et le plus impressionnant.

Pour contenir le public à 1 mètre des bacs, une élégante rampe en

LE TRIOMPHE D'AMPHITRITE
Henri Gauquié, statuaire (Salon de 1899)

fer forgé simulant des entrelacements d'algues, court tout autour de la
salle, interrompue seulement dans la largeur des passages réservés à
l'entrée et à la sortie.

## Le Plafond

En créant l'Aquarium de Paris, les constructeurs avaient pour but,
ainsi que nous l'avons noté dans la première partie de ce travail, de
donner au public l'impression qu'il est soudainement transporté dans
une clairière sous-marine.

Il leur parut donc de toute nécessité que le plafond de la salle conti-
nuât pour les visiteurs l'illusion si heureusement obtenue par la décoration des fonds de bacs et les effets des glaces réfléchissantes.

Pour atteindre ce résultat, ils tendirent au-dessus de toute la salle un
immense velum, derrière lequel ils combinèrent de puissantes projections
lumineuses par-dessus des bacs de forme circulaire, remplis d'eau de
mer, garnis de plantes marines, et habités par des poissons, des mollusques et des crustacés.

Cette disposition réussit au delà de toute espérance; et le plafond de
la salle, avec ses rayonnements causés par l'onde sans cesse agitée, avec
ses enchevêtrements d'algues aux nuances éclatantes, avec ses ombres
gigantesques de poissons monstrueux et de décapodes fantastiques, n'est
pas l'un des moindres éléments du succès de l'Aquarium.

---

# LES BACS

Nous allons passer en revue les divers bacs de l'Aquarium et en donner
une description détaillée. Nous insisterons particulièrement sur leur
aspect caractéristique; car chacun d'eux a sa physionomie particulière,
qu'il doit, soit à sa décoration spéciale, soit aux animaux qui l'habitent.

Nous désignerons également les poissons, mollusques, crustacés,
zoophytes, polypes, etc., de même que les plantes qui se trouvent le plus
généralement dans ces bacs, bien que la présence de certains êtres à
l'Aquarium soit subordonnée à telle ou telle époque de l'année.

Nous ne pouvons donc garantir que tous les animaux dont nous parlerons se rencontrent constamment à l'Aquarium.

Il est bien entendu, en outre, que nous ne nommerons que les principaux habitants de chaque bac. Certaines races d'êtres marins sont représentées dans tous ou dans presque tous les bacs de l'Aquarium. Nous

VUE GÉNÉRALE DE L'AQUARIUM DE PARIS

nous proposons, en conséquence, de réunir des notes rapides sur ces animaux dans un chapitre spécial qui terminera ce travail.

# I

## *Les Ruines sous-marines*

La décoration du premier bac qui se présente à nos yeux, à droite de l'entrée, a été inspirée par l'antique légende de l'Atlantide. MM. Guillaume y ont reconstitué des fragments de l'un des temples célèbres de Pouzzoles, submergés jadis par les eaux du golfe de Naples.

On sait que le rivage de Pouzzoles est semé de merveilles à demi englouties par les flots : ce sont les ruines du temple de Neptune, celles du temple des Nymphes, et surtout celles du temple de Sérapis, qui ont servi de type pour la reconstitution dont nous parlons.

Du temps même dés Romains, la mer tendait à envahir les rives du golfe de Naples; et, par l'effet des feux souterrains, le sol était soumis à des périodes d'abaissement et de soulèvement.

Les colonnes du temple de Sérapis furent, pendant plusieurs siècles, enfouies sous les eaux; elles ne revirent le jour qu'après l'éruption de 1538, qui produisit le soulèvement du Monte-Nuovo. Mais c'est seulement en 1750 qu'on les découvrit sous d'inextricables broussailles.

On constata alors que les splendides colonnes corinthiennes du portique du temple, celles-là mêmes que MM. Guillaume ont si heureusement reconstituées, étaient perforées par des coquilles marines, les lithotomes de Cuvier ou *modiola-lithophaga*, dont l'espèce existe encore dans la Méditerranée.

Les visiteurs de l'Aquarium peuvent voir, à l'avant-plan et dans le bac lui-même, plusieurs fragments de ces colonnes et de leurs chapiteaux écroulés sur le sable, et portant la trace des perforations lentement accomplies par le mollusque.

Ils apercevront également, dans les profondeurs, d'autres colonnes ainsi qu'une statue antique recouvertes par les eaux.

A l'endroit même où, jadis, se pressaient les adorateurs de Sérapis, des poissons de toutes sortes prennent aujourd'hui leurs ébats. Au fond, parmi d'innombrables crabes communs, on remarque une grande variété de *pleuronectides* ou poissons plats : soles, limandes, carrelets, flétans, barbues, petites raies, petits turbots, etc.

On sait que chez tous ces animaux les deux surfaces sont de couleurs absolument différentes : la partie, qui, quand l'animal repose ou nage, est

LES RUINES SOUS-MARINES

placée en dessous, est complètement blanche, tandis que le côté opposé
a toujours une couleur sombre et jouit, en outre, de la faculté de s'ac-
corder avec la couleur du fond. Cette faculté de conformation protège
particulièrement ces animaux contre les attaques de leurs ennemis.
Dans l'Aquarium, elle les rend difficilement visibles lorsqu'ils sont au
repos, ce qui est leur état presque constant.

De tous ces poissons de fond, la sole est le seul qui s'agite de temps en temps : possédant plus d'habileté à nager que les autres espèces, elle se meut à travers les eaux assez rapidement, en agitant son corps plat par un vif mouvement ondulatoire, puis elle plane un instant et se laisse retomber mollement sur le sable.

Les autres *pleuronectides* dormiraient toute la journée au fond du bac si des crabes et des araignées de mer n'étaient là pour les déranger et les faire monter quelquefois à la surface du bassin.

Outre ces animaux, on peut voir flotter entre deux eaux des bandes d'épinoches de mer, des mulets de moyenne taille, des bars, des sargues; enfin, pour servir à la nourriture de tous ces poissons, quelques bandes de sardinettes et d'athérines qui sont renouvelées toutes les semaines.

## II et III

## *Les Navires sombrés*

Ces deux bacs — le premier très grand, le second de dimensions plus restreintes — offrent aux visiteurs l'aspect de bateaux naufragés gisant au fond de la mer.

Le voilier, dont la proue, ainsi que nous l'avons dit plus haut, s'avance jusque dans la salle de l'Aquarium, occupe le bac n° 11, l'un des plus considérables, puisqu'il contient plus de 70 mètres cubes d'eau de mer.

Ce navire a été trouvé dans la rade de Cherbourg où il avait été coulé par un vapeur qui sortait de ce port, et qui, du reste, s'est échoué à côté de lui.

Toutes les parties du bateau, retirées du sable où elles s'étaient enfoncées, furent achetées par les concessionnaires de l'Aquarium et envoyées à Paris, où l'ensemble fut scrupuleusement reconstitué.

Ainsi qu'on peut le lire sur les couronnes de sauvetage, ce bateau portait le nom du comte de Bismarck (*Graf von Bismarck-Bremen*).

Auprès de la coque de ce navire, et formant la séparation entre le bac qui la contient et le bac voisin, apparaît l'étrave formidable du vapeur qui, ayant abordé le voilier au sortir du port, a sombré avec lui.

Aux flancs de ces épaves, la mer a fait son œuvre d'envahissement : les mollusques, les anatifes, les algues s'y sont fixés; le creux de la carène sert d'abri à une multitude de crustacés, et les poissons de tout genre s'ébattent à l'entour.

On peut voir notamment des raies bouclées, une grande variété de raies batis, reconnaissables au seul rang d'aiguillons dont leur queue est garnie; quelques torpilles marbrées, des requins *anguillats*, petits squales de 1 mètre à 1 m. 20 de long, qui, bien qu'accoutumés à voyager en famille, se plaisent dans leur nouveau logis et mangent goulûment les sardines qui ont le malheur de passer à leur portée.

Des grandes et des petites roussettes, des congres, dont quelques-uns

LES NAVIRES SOMBRÉS

ont près de 2 mètres de longueur, leur tiennent compagnie, ainsi que deux petits requins bleus presque toujours au repos sur le sable.

On voit également quelques variétés de *thalassites* et de *chélonées*, tortues franches et tortues couannes qui ont jusqu'à 1 mètre de diamètre.

Vers les hauteurs du bac circulent des sardines, des gastrés ou épinoches de mer, des colins, qui y mettent un peu de mouvement et servent à la nourriture des squales, grands mangeurs.

Enfin, sur le sable du fond se traînent de gros crabes tourteaux et des araignées de mer, chargés d'absorber les déchets laissés par les habitants du bac, fonction dont ils s'acquittent à souhait.

Dans le bac voisin (n° III), on rencontre une curieuse famille de crabes, les crabes honteux, des bars, des mulets, d'autres congres plus petits des *gobies*, étrange petit poisson dont les nageoires ventrales ont la singulière propriété de former ventouse, et qui vient ainsi, de temps à autre, se coller aux dalles de l'Aquarium; enfin, des *baudroies*, animal plus étrange encore par sa forme, et qui semble échappé de quelque album d'estampes japonaises.

Les rochers du fond sont, en outre, garnis d'un grand nombre de polypes de tous genres.

## Les Scaphandriers

C'est ce bac du vaisseau naufragé qui, en raison de sa contenance énorme et de sa décoration particulière, a été choisi pour servir de théâtre aux exercices des scaphandriers.

A certaines heures de la journée, l'onde s'agite dans les lointains du bac; les poissons, apeurés, s'enfuient dans tous les sens, les crabes se cachent dans les trous. Soudain, les scaphandriers apparaissent; leur casque de cuivre jette de fauves reflets sous l'éclat de leurs lanternes sourdes. Ils vont à travers les rocs et les débris du navire, ils envahissent la coque et sortent bientôt, emportant la cargaison du navire sombré.

Ainsi, par ces exercices réglés avec la plus parfaite exactitude, le public est initié au labeur des travailleurs de la mer.

## IV

## Actinies et Méduses

Dans ce bac, dont le fond est formé de roches, on a réuni un grand nombre d'espèces différentes d'actinies, dont les nuances variées font un parterre de fleurs marines.

L'actinie, ou anémone de mer, ressemble, en effet, beaucoup plus à une fleur qu'à un animal. C'est un zoanthaire charnu, dont le corps, en forme de bourse, est fixé par sa base au rocher, et qui se termine à la partie supérieure par un grand nombre de tentacules disposés sur plusieurs rangs circulaires, au centre desquels se trouve la bouche. Si l'on touche une actinie épanouie, elle se contracte, se referme aussitôt, et se change en une petite masse de chair.

Ces animaux-fleurs sont de gros mangeurs; ils saisissent avidement les vers, les petits poissons, même les crabes qui passent à portée de leurs tentacules et les précipitent dans la poche toujours ouverte de leur estomac.

Bien que les actinies restent le plus souvent fixées à l'endroit où elles se sont attachées à leur arrivée dans le bac, elles peuvent cependant se

BAC DES ACTINIES

déplacer. On en voit à l'Aquarium passer d'une roche à une autre, grimper même le long des dalles de verre, venir quelquefois émerger à la surface du bassin et redescendre vers le fond.

Un bac bien fourni d'anémones offre un très beau coup d'œil. Leurs espèces sont innombrables et la plupart vivent et se reproduisent parfaitement à l'Aquarium : *l'actinie rousse*, surtout, se propage très rapidement.

On rencontre dans ce bassin les plus belles espèces d'anémones de mer : *l'actinie arborescente*, dont les tentacules souples et ramifiés vers l'extrémité, imitent les branches d'un arbre; *l'actinie crassicorne*, une

des plus grandes variétés, qui a quelquefois jusqu'à un décimètre de
diamètre : épanouie, elle est comparable à un dahlia ; l'*actinie verte*,
d'un beau vert émeraude ; la *pâquerette de mer*, qui, avec ses tentacules
blancs rayonnants, ressemble à une petite marguerite des prés ; l'*actinie
plumeuse*, le plus souvent blanche, mais parfois jaune ou orangée ;
l'*actinie pourpre*, dont le nom indique la nuance éclatante ; l'*actinie
rousse*, la plus répandue sur nos côtes, aux tentacules très nombreux,
fins et déliés, et dont la couleur, malgré son nom, varie à l'infini et peut
offrir toutes les nuances du bleu, du rose, du jaune et du violet ; l'*actinie
alcyonoïde*, au corps cylindrique, dont les tentacules ressemblent à ceux
de l'actinie arborescente, bien qu'ils soient plus courts et plus étalés ;
l'*œillet de mer*, dont le corps est lisse et les tentacules rouge foncé ;
l'*anémone parasite* (Adamsia), qui élit domicile sur la coquille des mollusques et le plus souvent sur celle du bernard-l'ermite, qui la promène
partout avec lui ; enfin, l'*actinie coriace* vulgairement appelée *cul-de-
mulet*, et que nos pêcheurs des côtes de l'Océan trouvent très savoureuse.

Dans les lointains de ce même bassin, on aperçoit divers échantillons
d'*acalèphes* ou méduses à ombrelle. Ces étranges animaux, au corps
gélatineux, sont d'une telle sensibilité qu'il est presque impossible de les
amener vivants et de les conserver en aquarium.

Cependant, les visiteurs peuvent voir ici quelques exemplaires du
*rhizostome* de Cuvier et de la *pélagie noctiluque*.

Les actinies et les méduses ne sont pas les uniques habitantes de ce
bac. Quelques petites pieuvres le traversent de temps en temps, ainsi
que des seiches et des calmars. Des araignées de mer sont blotties dans
le creux des rochers ; au fond, des homards se livrent des combats épiques.

Enfin, comme dans les bacs précédents, on voit passer continuellement
des petits poissons agiles : labres, colins, bars, et des troupes d'athérines, de sardinelles et d'épinoches de mer.

# V

## *La Banquise*

Pour la décoration de ce bac, les constructeurs de l'Aquarium se sont
inspirés des paysages désolés des régions polaires.

A l'avant-plan, au-dessus de la tête des spectateurs, sont suspendues
des légions de brillantes stalactites, à travers lesquelles la lumière, en se
jouant, fait passer toutes les nuances du prisme.

Dans le bac, et dans les lointains, habilement ménagés, ce sont les

blocs de glace, informes et monstrueux, qui s'étagent les uns sur les autres, se continuent à l'infini, aussi loin que peut plonger le regard.

Ici, point de végétations : le désert humide est stérile. A peine, quelques algues qui, par un phénomène commun dans ces régions, ont pris la teinte glauque des glaces au milieu desquelles elles se sont développées.

La physionomie très caractéristique de ce bassin, qui occupe le milieu de l'Aquarium, n'est pas due seulement à cette décoration, si heureusement combinée, mais encore à sa coloration uniforme, à la limpidité de ses eaux, à la clarté de ses lointains.

Le bac est, en outre, habité par des animaux de races toutes particulières, et qu'on n'est guère accoutumé à rencontrer en aquarium.

Ce sont les espèces que l'on trouve plus spécialement dans les mers du Nord.

Ce poisson, en forme de fuseau, long de 70 à 80 centimètres environ, qui a le dos tacheté de brun et le ventre blanchâtre, et dont la peau, d'un gris jaunâtre, montre une ligne longitudinale claire de chaque côté, c'est la *morue commune*, que tant de gens croient plate comme une sole, pour l'avoir vue séchée à la devanture des marchands de comestibles.

: Cet autre poisson, presque semblable au premier, mais plus mince que lui, et qui porte une tache noirâtre sur chaque flanc, derrière la nageoire pectorale, est une morue également, la *morue égrefin*, qui, à certains moments de l'année, se rencontre en grand nombre sur nos côtes de Bretagne.

La famille des *Gades*, dont la morue est le type principal, comprend une quantité considérable d'espèces.

En dehors de celles dont nous venons de parler, l'Aquarium possède également quelques variétés de *dorschs* et de *capelans* ou *officiers*, petites gades qui servent de nourriture aux grands poissons de même espèce.

Le bac contient, en outre, quelques types de *chaboiseaux*, *cottes* ou *chabots* de mer, particuliers aux mers du Nord.

Ces poissons ont quelque analogie avec le chabot commun de nos rivières.

A la laideur que leur donnent leur grosse tête, leur large gueule, les teintes peu agréables de leur peau et leur corps armé d'épines dangereuses, ils doivent toutes sortes d'appellations odieuses. Les pêcheurs du Nord leur octroient souvent le nom de *scorpion*, que ceux du Midi ont réservé à la rascasse. Celui de *crapaud*, qu'on leur donne aussi, tient à leur couleur, à leur nudité, et à leur grande bouche. On les nomme également *diables de mer*, parce qu'ils sont hideux et méchants. Les Anglais les appellent même *father-lasher* (qui bat son père), comme si leur laideur était l'indice des vices les plus affreux.

Ce sont des animaux très voraces, qui nagent avec une grande rapidité, et dont les habitudes sont assez solitaires. Ils passent l'hiver dans les eaux profondes et se logent l'été dans quelque creux de rocher.

L'épine de leur préopercule est une arme perfide et fait des piqûres très douloureuses que les pêcheurs des côtes de Norwège et de Danemark prétendent même empoisonnées.

Ceux de ces poissons qui descendent jusque sur nos côtes — tels les spécimens qu'on peut voir à l'Aquarium — ne dépassent pas 8 à 10 pouces de longueur.

Parmi les poissons qui vivent spécialement dans les mers du Nord, il en est un qui figure le plus souvent à l'Aquarium dans le bassin dont nous nous occupons : c'est la *sébaste septentrionale* nommée aussi *perca norvegica*.

Sa forme est à peu près celle de la perche de nos rivières et se rap-

AU-DESSUS DES BACS

proche de celle des serrans dont nous parlerons plus loin, c'est-à-dire que son corps est oblong, un peu comprimé, que ses courbures dorsale et abdominale sont légèrement convexes et qu'elle a la bouche oblique et la mâchoire inférieure proéminente.

La longueur de sa tête est juste le tiers de sa longueur totale. Elle est couverte d'écailles rudes jusque sur le bout du museau. Sa couleur, sur les flancs, est d'un rouge vif qui se rembrunit un peu vers le dos et pâlit du côté du ventre.

Enfin, outre les espèces communes que l'on retrouve ici, comme dans la plupart des bassins de l'Aquarium, ce bac a, par intermittences, de curieux habitants dont il nous faut dire quelques mots.

Ce sont les *esturgeons*.

L'esturgeon est un grand poisson de l'ordre des *Ganoïdes*, c'est-à-dire à squelette cartilagineux, assez proche parent du requin. Il a le corps très allongé et la peau garnie de plaques osseuses. Sur la tête, ces plaques, contiguës les unes aux autres, forment une sorte de mosaïque. Sur le reste du corps, elles sont distribuées en cinq chaînes dont une sur le dos, une sous le ventre, les autres sur les flancs. L'esturgeon possède un long museau conique au-dessous duquel est percée une bouche en forme d'ellipse. Mais il n'a pas de dents, et il ne peut se nourrir que de vers ou de très petits poissons, qu'il avale.

Les spécimens que renferme l'Aquarium sont de médiocre taille, bien qu'ils atteignent 80 centimètres à 1 mètre de longueur.

Ces poissons qui sont, comme on le sait, essentiellement migrateurs, ne peuvent être conservés longtemps en aquarium. Comme, en été, ils sont accoutumés à remonter les fleuves pour y frayer, dès que le directeur technique de l'Aquarium constate qu'ils commencent à dépérir dans leur prison de verre, il les fait mettre dans la Seine.

Quelle proie inattendue pour nos pêcheurs parisiens, si l'un d'eux, quelque jour, faisait cette pêche miraculeuse !

# VI

## *Le Volcan sous-marin*

Dans la salle, en face de ce bac, s'élève une pittoresque colonne faite de roches basaltiques superposées. A l'avant-plan, dans le bac lui-même, et à perte de vue, se dressent d'autres basaltes encore, une forêt de rocs et de piliers prismatiques du plus merveilleux effet.

On se croirait transporté en face de quelque fantastique *Chaussée des Géants*.... C'est la *Grotte de Fingal* elle-même qui s'offre à nos yeux.

Les basaltes sont des roches d'origine volcanique, noires et grises, composées de pyroxène et de feldspath, disposées en nappes ou en filons, et qui affectent la forme de prismes verticaux à cinq ou six pans.

Ils sont le résultat des coulées de lave des volcans sous-marins.

On sait que les tremblements de terre agitent le fond de la mer aussi

bien que le sol sur lequel nous vivons, et qu'ils n'ont pas d'autre cause que des phénomènes volcaniques.

D'ailleurs, les éruptions volcaniques ne se manifestent dans toute leur énergie que près des mers ou des grandes nappes d'eau. Il n'est donc pas étonnant que le fond de l'océan soit semé de volcans, et il est même très probable que leur nombre est beaucoup plus important que celui des volcans terrestres.

En tous les temps, et dans toutes les mers, des éruptions volcaniques ont donné naissance à des îles faites de roches noires, de basaltes, de scories, et qui, après une existence plus ou moins longue à la surface des eaux, disparaissaient soudain, comme elles étaient venues.

Pline ne raconte-t-il pas que les îles de Délos et de Rhodes sont nées de la mer, et le nom même des Cyclades ne nous prouve-t-il pas que cet archipel est d'origine volcanique?

Les historiens de l'antiquité et les voyageurs du moyen âge décrivent avec force détails les violentes éruptions de cendres, de roches et de lave en ignition, les tourbillons de feu et de fumée qui sortaient de la mer aux environs des îles de Thia, d'Iliéra, et de celle qui porte aujourd'hui le nom de Santorin.

Plus tard, des voyageurs furent témoins aux îles Açores de phénomènes semblables à ceux observés dans l'archipel grec.

C'est ainsi que, vers 1820, le capitaine du vaisseau anglais *Sabrina* aperçut dans les parages des Açores une île, qu'il n'avait jamais vue, et qui n'avait pas moins de 2 kilomètres de tour et de 100 mètres de haut. En bon Anglais, il l'aborda, y planta son drapeau national et en prit possession au nom de l'Angleterre. Puis il revint à Londres apporter la nouvelle de sa conquête pacifique, et faire hommage à son gouvernement de cette île qu'il avait appelée *Sabrina*, comme son bateau.

Nommé gouverneur de cette nouvelle possession, il partit de nouveau, emmenant des colons et tout ce qu'il fallait pour établir une bonne administration.

Mais quand il fut dans les eaux de *Sabrina*, il chercha vainement son île. Une éruption volcanique l'avait fait naître; un autre bouleversement sous-marin l'avait anéantie. *Sabrina* avait disparu, avant de connaître les bienfaits de la civilisation britannique.

Au milieu de l'océan Atlantique, au Kamtchatka, en Islande, aux îles Aléontiennes, dans l'archipel de la Sonde, les navigateurs ont, maintes fois, observé des phénomènes de ce genre. Il nous suffira d'en rappeler un seul, cet effroyable bouleversement de Krakatoa, survenu en 1883, et qui détermina une perturbation atmosphérique telle que les effets en furent ressentis jusqu'à Paris et à Saint-Pétersbourg.

Ce que les visiteurs de l'Aquarium verront ici ne ressemble en rien, même de très loin, aux terribles mouvements sous-marins dont nous évoquons le souvenir.

Les promoteurs de l'Aquarium ont pensé justement que, dans ce bac formé de rochers basaltiques, il serait intéressant de montrer l'effet lumineux que produisent les gaz enflammés s'échappant d'une crevasse volcanique sous-marine.

Un dispositif très ingénieux leur a permis d'obtenir cet effet. De temps à autre, le roc semble s'entr'ouvrir, une lueur rouge apparaît ; et, de ce volcan en miniature, une colonne enflammée s'échappe et monte en globules rutilants, larges et pressés, vers la surface.

Au fond de ce bac s'étalent quelques turbots, des petites plies, et

LABORATOIRE DE L'AQUARIUM

rampent des *maïas* (araignées de mer) et diverses espèces de crabes nageurs et autres.

Au sommet d'un pilier basaltique, on voit de temps en temps apparaître quelque *bernard-l'ermite* dans sa coquille d'emprunt. Cet étrange crustacé n'a de cuirasse qu'à la tête et à la poitrine. Pour mettre à l'abri la partie vulnérable de son individu, il cherche quelque coquille vide, d'une taille en rapport avec la sienne. S'il n'en trouve pas, il attaque un testacé vivant, le tue, le mange et s'empare de son logis. Une fois maître de la coquille, il s'y introduit à reculons et s'y retranche comme dans un petit fort.

Des interstices ménagés entre les basaltes, des *congres*, dont la tête se cache sous le roc, laissent échapper leur queue plate qui ondule et se balance sans cesse.

Les poissons particuliers à ce bac sont, d'abord, quelques spécimens de la famille des *Trigles* : le *grondin rouge* ou rouget commun, à la grosse tête, au crâne horizontal et plat, et dont la couleur, rosée sous le ventre, est rouge sur tout le corps et, en particulier, sur les nageoires ; le *rouget camard*, un peu plus petit que le précédent, et qu'on ne peut confondre avec lui, car la teinte rouge de sa tête et de son dos est semée de petites taches noirâtres, irrégulières, inégalement éparses ; le *perlon*, qui a la tête plus plate que le rouget, mais dont le dos est grisâtre ou brunâtre.

Ce sont aussi les *daurades*, que les anciens appelaient *Chrysophrys*, à cause de la tache d'un bel éclat doré que l'espèce commune porte entre les yeux. On peut voir à l'Aquarium la *daurade vulgaire*, dont le corps est presque ovale, mais plus élargi de l'avant que de l'arrière, et la *daurade à museau renflé* dont le corps est plus allongé et le mufle plus gros que chez la première.

Enfin, comme dans les bacs précédents, on trouve dans celui-ci maints échantillons de labres de différentes couleurs, de sargues, de serrans, et des variétés de bars, de colins, de petits mulets, de sardines et d'athérines, sans compter de nombreuses crevettes dont les *grondins* sont très friands.

# VII

## *La mer de Corail*

Ce bac, qui occupe une des extrémités de la salle elliptique, est l'un des plus grands de l'Aquarium. Sa contenance n'est pas moindre que celle du bassin des *Navires sombrés*, dont nous avons parlé plus haut.

L'aspect très spécial qu'il offre aux visiteurs est dû aux colorations vives et variées des polypiers de toutes sortes — polypiers hydraires et actiniaires, sertulaires et campanulaires — des zoophytes et des madrépores qu'il contient.

Parmi ces polypiers, le corail tient la première place.

Les naturalistes de tous les temps ont beaucoup discuté sur la nature de cette belle substance dont on fait de précieux bijoux : les uns la regar-

LE BAC DE CORAIL ET LES SIRÈNES

daient comme un minéral, les autres comme un végétal ; pas un ne soupçonnait sa véritable origine.

Théophraste comparait le corail à l'hématite, Dioscoride le représentait comme un arbuste marin qui, tiré de l'eau, se durcissait au contact de l'air. Cette opinion fut généralement admise jusqu'au commencement du xviiie siècle.

Aujourd'hui, grâce aux travaux de Peyssonnel et de Milne-Edwards, personne n'ignore que le corail est la sécrétion calcaire d'un polype, proche voisin des alcyons et des gorgones.

Il apparaît sur les roches, à une profondeur généralement médiocre, comme un arbrisseau rameux très enchevêtré, sans feuilles ni menues branches, et portant de délicates petites fleurs étoilées à rayons blancs.

Sur les gradins rocailleux qui garnissent le fond de ce bac, au premier plan, dans les lointains, de toutes parts, se dresse la pittoresque forêt de ses ramuscules, tour à tour rouges, roses et blancs.

On y rencontre également des polypiers de même nature que le corail, les *Mélites* et les *Isis*, l'*Antipathe* ou corail noir, ainsi qu'un grand nombre d'autres variétés de zoophytes.

Nous devons signaler notamment les *Gorgones*, ce polypier flexible dont les ramifications, soudées entre elles, sont faites d'une matière toute particulière qui ressemble à de la corne.

Nous avons déjà parlé des gorgones à propos de la décoration de la salle. Les beaux exemplaires de gorgones-éventails séchées qui ornent les rochers viennent de la mer des Antilles ; quant aux gorgones animées qui se trouvent dans ce bac, et sont de taille beaucoup moindre, elles ont été pêchées dans la Méditerranée et sur les côtes de Vendée.

Ce bac contient aussi des polypiers calcaires de toutes sortes : *dendrophyllie en arbre, caryophyllie gobelet, astrée punctifère, oculine, fongie, madrépore plantain, méandrine*, etc. ; ainsi que les plus beaux échantillons de coquillages qui se trouvent à l'Aquarium.

On peut admirer notamment, vers le milieu du bassin, de superbes *Tridacnes*, cette coquille géante appelée vulgairement *Bénitier*, parce qu'on se sert de ses valves dans les églises comme réservoirs d'eau bénite.

Aux flancs des rochers ou sur le sable du fond on rencontre un grand nombre d'autres enveloppes calcaires plus ou moins précieuses, ayant abrité jadis des mollusques acéphales ou gastéropodes : *pinnes de mer, tellines, arches, volutes, olives, cones, turbonilles, haliotides nacrées, aromes, burgaux, scalaires, grands casques*, gris et raboteux à l'extérieur, mais tapissés à l'intérieur d'un émail du rose le plus tendre ;

enfin, de beaux spécimens de *pintadines*, l'huître perlière souvent dési-
gnée sous le nom de *mère aux perles*.

Parmi les poissons qui habitent ce bac, on retrouve tout d'abord un
certain nombre de *Trigles* : *grondins*, *rougets* et *perlons*, de même race
que ceux qui vivent dans le bac précédent, mais de taille plus développée ;
puis quelques individus d'une famille proche parente de celle des Trigles :
les *Dactyloptères*, appelés vulgairement rougets-volants, arondes ou
hirondelles de mer.

On connaît toutes les légendes répandues par les navigateurs sur ces
poissons-volants, qui, pour échapper aux daurades, leurs ennemies,
auraient, paraît-il, la faculté de s'élever et de séjourner dans les airs. La
vérité, c'est que le développement de la nageoire pectorale de ce poisson
lui permet tout au plus de raser de temps en temps la surface de l'eau.

Les dactyloptères communs qui figurent à l'Aquarium sont particuliers
à la Méditerranée.

Ils ont 25 à 30 centimètres de longueur et ressemblent beaucoup aux
trigles que nous avons décrits précédemment. Leur dos est brun clair,
marbré ou tacheté de brun plus foncé : la couleur est plus claire vers la
tête. Les côtés de la tête et du corps sont d'un rouge clair glacé d'argent, le dessous d'un rose pâle.

Comme les cottes (chabots) dont nous avons parlé déjà, et avec lesquels ils ont quelques traits de ressemblance, leur préopercule est armé
d'une longue épine forte et dentelée qui fait des piqûres dangereuses.

Ce bassin contient un autre poisson spécial à la Méditerranée, auquel
les pêcheurs du Midi prodiguent les mêmes noms odieux que les pêcheurs
du Nord donnent aux chabots. C'est la *Scorpène*, ou plus vulgairement
la *Rascasse*, dénommée souvent *scorpion*, *crapaud* ou *diable de mer*,
poisson à qui sa grosse tête épineuse et la peau molle et spongieuse qui
l'enveloppe donnent un air hideux et répugnant.

La Méditerranée produit les deux espèces de scorpènes dont l'Aquarium possède des spécimens : la scorpène rouge et la scorpène brune.
La première est de plus grande taille et de coloration plus vive ; elle est
couverte d'écailles plus larges et plus lisses et munie de barbillons et de
lambeaux charnus plus nombreux ; ses épines dorsales sont inégales.

La seconde est plus petite, plus brune ; elle a les écailles plus menues,
plus âpres, les barbillons moins nombreux et les épines de la dorsale à
peu près égales entre elles. Cette dernière est celle que l'on désigne plus
spécialement par le nom de rascasse.

Ces deux espèces sont très communes sur toutes les côtes de la Méditerranée ; elles y vivent généralement en troupes dans la pleine mer ;

leurs piquants passent pour faire des blessures dangereuses, mais cela n'empêche pas qu'on s'en nourrisse; et elles fournissent notamment un élément indispensable pour la confection du célèbre mets marseillais : la bouillabaisse.

On peut voir encore dans ce bac d'étranges poissons de couleur verte, qui ont la forme de l'anguille, avec un long museau dans le genre de ceux des poissons dits « bouches en flûte ». Ce sont des *Orphies*, pêchés sur les côtes de Bretagne et dans la Manche. Ce poisson doit sa coloration particulière à ses os qui sont d'un beau vert. Il a, comme l'esturgeon, la faculté de remonter les cours d'eau.

L'Aquarium ne possède que des sujets de 50 à 60 centimètres de longueur, mais cette espèce peut atteindre jusqu'à 2 m. 50 à 3 mètres.

Il nous reste à signaler la présence dans ce bassin de quelques squales de taille moyenne mais de physionomie étrange : le requin tigré, le requin-marteau, l'ange de mer et le poisson-scie.

Le *requin tigré* est un petit squale de 1 m. 25 environ, au corps brun moucheté de taches noires. Sa tête est épaisse et ronde, et il porte de chaque côté de la bouche des moustaches drues comme celles des chats. Les sujets que possède l'Aquarium ont été pêchés à Roscoff.

Le *requin-marteau*, nommé aussi *marteau-maillet*, doit ce nom à la forme de sa tête, aplatie horizontalement, et dont les côtés se prolongent à droite et à gauche en deux branches, qui figurent assez bien la tête d'un marteau.

Le marteau commun est très répandu dans l'Atlantique. Ceux qu'on voit à l'Aquarium sont de petite taille. Ce squale atteint souvent 3 mètres et pèse jusqu'à 200 kilogrammes.

*L'ange de mer* ou *squatine* a reçu ce nom à cause du développement de ses nageoires pectorales et ventrales, qui ressemblent à des ailes. Ce poisson a la tête grosse et ronde, les yeux placés sur la face dorsale, la bouche fendue en avant du museau, et le dos hérissé de fortes épines.

Enfin, le *poisson-scie* n'est pas une des moindres curiosités de l'Aquarium. Cette espèce est appelée ainsi à cause de la forme de son museau, muni d'un rostre aplati en forme d'épée, et armé de chaque côté de fortes épines osseuses pointues et tranchantes.

Ce poisson, très batailleur, ne craint pas même de s'attaquer à la baleine. On trouve parfois dans la carène des vieux bateaux des rostres de scies enfoncés de plusieurs centimètres. Il est à présumer que l'animal, croyant reconnaître une baleine dans la forme du bateau, s'y est élancé avec force et a brisé dans cette masse l'arme si redoutée des cétacés.

Les scies qui habitent ce bac viennent des Sables-d'Olonne. Pour ne

pas nuire à la limpidité de l'eau, il a fallu les choisir de petite taille; mais ce poisson peut atteindre 4 et 5 mètres de longueur.

## Les Pêcheurs de Perles

Les dimensions considérables de ce bac, de même que la décoration toute spéciale de ses fonds, faite de coquilles perlières, de madrépores et de précieux polypiers, le désignaient naturellement pour les exercices des pêcheurs de perles et de coraux.

On sait comment se fait la pêche des pintadines à Ceylan et dans le golfe de Manaar.

Le long d'une corde raidie par le poids d'une énorme pierre, le pêcheur descend debout. Parvenu au fond, il se jette la face contre terre, ramasse toutes les coquilles qu'il peut atteindre, les met dans un filet qu'il porte en sautoir, puis, il remonte par le même chemin.

Les promoteurs de l'Aquarium ont voulu donner à leurs visiteurs une exacte reproduction de ce curieux spectacle. Des plongeurs et des plongeuses d'une habileté rare — l'un d'eux, véritable amphibie, reste quatre minutes au fond de l'eau — viennent chaque jour de cinq à sept heures et de neuf heures à minuit jouer dans le bac du corail le rôle des pêcheurs de Manaar et de Ceylan.

## Les Sirènes

Mais comme s'il ne suffisait pas d'évoquer à nos yeux tant de merveilles nées de la nature et de nous montrer le travail humain au fond de l'océan, MM. Guillaume ont voulu joindre la légende à la réalité, et ajouter à l'intérêt scientifique de leur œuvre des attractions qui y apportent tout le charme de véritables exhibitions artistiques.

C'est ainsi que, tandis que les pêcheurs de perles rampent au fond du bassin, tandis que, souples et gracieuses, les plongeuses le traversent en tous sens, soudain dans les lointains mystérieux apparaissent des théories de sirènes aux longues chevelures entremêlées d'algues flottantes, et qui semblent s'agiter au sein même des flots.

# VIII

## Les Éponges

Le huitième bac de l'Aquarium est également consacré aux Polypes, mais à un groupe tout spécial : *les Spongiaires*.

De tous les zoophytes, l'éponge est certainement celui dont il a été le plus difficile de déterminer nettement la place dans l'échelle des êtres.

Les naturalistes de l'antiquité rangeaient l'éponge parmi les animaux. Aristote, Pline, Dioscoride, affirmaient qu'elle avait une existence sensitive, que lorsqu'on voulait la saisir elle faisait des efforts pour s'échapper et se cramponnait aux rochers. Ils allaient même jusqu'à reconnaître dans ce groupe des mâles et des femelles.

LE BAC DES GALETS

Au contraire, dans les temps modernes, et presque jusqu'à nos jours, les éponges ont été généralement regardées comme des végétaux, sauf par quelques naturalistes, qui, prenant le système du juste milieu, les plaçaient à égale distance du règne animal et du règne végétal.

Aujourd'hui, tous les savants sont revenus à l'opinion d'Aristote et reconnaissent l'animalité de l'éponge.

Néanmoins, et malgré les travaux et les recherches des naturalistes contemporains, le groupe des spongiaires est encore incomplètement connu ; il reste le plus mystérieux de tous les polypes, en ce qui concerne son organisation intime. Il est superflu de faire la description de ce zoophyte : tout le monde connaît l'éponge usuelle, cette petite masse d'un tissu léger, élastique, résistant et lacuneux, arrondie irrégulièrement, et souvent un peu concave en dessus.

Ce tissu se compose de fibres fines, flexibles, entrelacées, formant un grand nombre de trous, les uns très petits et répandus sur toute la surface de l'éponge : ce sont les *pores*, les autres beaucoup plus grands et situés généralement à la partie supérieure : ce sont les *oscules*.

Dans ce tissu se trouvent une infinité de petits corps solides, de nature siliceuse ou calcaire, qui ressemblent quelquefois à de petites étoiles : ce sont les *spicules*.

A l'état vivant, l'éponge est imprégnée d'une matière gluante et gélatineuse ; et, continuellement, elle rend l'eau de mer par tous ses pores.

On connaît un grand nombre de variétés différentes d'éponges, auxquelles leur forme particulière a fait attribuer des noms vulgaires ; la *plume*, l'*éventail*, la *cloche*, la *lyre*, la *trompette*, la *quenouille*, la *patte-d'oie*, la *queue-de-paon*, le *gant-de-Neptune*, etc.

On trouve des éponges sous toutes les latitudes et dans presque toutes les mers, mais plus particulièrement dans le golfe du Mexique, la mer Rouge et la Méditerranée.

Elles sont tantôt à de grandes profondeurs, tantôt assez près de la surface, et quelquefois même sur des rochers à fleur d'eau.

Leur couleur à l'état vivant n'est pas agréable à l'œil ; elles sont d'un blanc jaunâtre ou d'un blanc roux.

La pêche des éponges dans la Méditerranée est faite spécialement par des Grecs et des Syriens, et s'opère de deux façons : les éponges sont recueillies par la drague, ou arrachées à la main par des plongeurs qui vont les chercher jusqu'à vingt ou vingt-cinq brasses de profondeur.

La drague dont se servent les pêcheurs d'éponges est une sorte de harpon-trident qui a l'inconvénient de déchirer le précieux tissu et de lui enlever une partie de sa valeur. Aussi ne l'emploie-t-on que pour recueillir les éponges de qualité inférieure, celles qui croissent sur les fonds les plus bas.

L'éponge de luxe, au contraire, se rencontre généralement à 15 ou 20 brasses seulement de profondeur ; et les pêcheurs vont la détacher à l'aide d'un couteau afin de ne pas la détériorer. C'est pourquoi les éponges *plongées* valent 40 pour 100 plus cher que les. éponges *harponnées*.

L'éponge commune vient plus particulièrement de l'Archipel; la pêche de Syrie produit au contraire l'éponge fine; la première est de forme irrégulière et de couleur fauve; elle est dure et compacte.

La seconde a généralement la forme d'une coupe; elle est blonde, légère, douce au toucher et comme veloutée. On l'emploie uniquement pour la toilette; certaines de ces éponges, lorsqu'elles sont volumineuses et bien arrondies, se paient plus de cent francs la pièce.

Les éponges de Barbarie, de Salonique, sont de qualité moindre. Quant à celles du golfe du Mexique et celles de Bahama, elles sont en général dures et peu propres à l'usage de la toilette.

Le bac des Éponges à l'Aquarium contient à peu près toutes les variétés les plus curieuses de ce polype. Tandis que les rochers de l'avant-plan sont garnis d'éponges sèches de toutes provenances, l'intérieur du bac offre aux visiteurs une superbe collection d'éponges naturelles des formes les plus diverses : tubes, coupes, vases, globes, arbustes, éventails, etc.

Ce bac est habité surtout par des poissons de petite taille, et notamment par des labres, des bars, des petits mulets, races communes dont nous avons déjà signalé la présence dans d'autres bassins de l'Aquarium, et sur lesquelles nous reviendrons à loisir dans le dernier chapitre. On y voit également des loches de mer, des crevettes, des crabes divers, et un curieux mollusque gastéropode, l'*Aplysie* ou *lièvre de mer* qui ressemble assez bien au quadrupède dont il a reçu le nom.

# IX

## *Les Galets*

Entre les passages réservés à l'entrée et à la sortie de l'Aquarium se trouve un dernier bac de dimensions plus restreintes et dont la décoration pittoresque est faite de galets de toutes formes et de toutes grosseurs.

Ce bassin est également habité par des légions de petits poissons agiles, *labres de corail, gastrés* et *syngnates* ou *fils de mer*.

En outre, il contient un certain nombre de variétés de petites algues adhérentes ou flottantes qui servent d'abri à des familles d'*hippocampes*.

Tout le monde connaît ce petit poisson, étrange, ce *cheval marin* qui ressemble à un cavalier de jeu d'échecs, et qui, séché, garde sa forme, grâce à la dureté de sa peau.

On peut voir à l'Aquarium les hippocampes accrochés par la queue aux ramuscules des algues, ou nageant avec des mouvements souples et pleins de grâce, en agitant sans cesse leur petite nageoire dorsale.

Parmi les galets qui garnissent le fond de ce bac, se meuvent lourdement des crustacés de tous genres, et en particulier toutes les variétés de crabes : les *tourteaux*, les *crabes communs*, les *étrilles* et les *crabes nageurs* qui se poursuivent sans trêve, et se livrent des combats acharnés pour la plus grande joie des spectateurs.

# LES HOTES DE L'AQUARIUM

En commençant notre revue méthodique des bacs de l'Aquarium, nous avons prévenu nos lecteurs que nous parlerions seulement des principaux habitants de chacun de ces bacs, des êtres, qui, en quelque sorte, ont concouru à donner au bassin qu'ils occupent sa destination et sa physionomie particulières.

Nous nous réservions, en effet, de revenir en détail sur les animaux marins dont les races sont représentées dans tous, ou dans presque tous les bacs de l'Aquarium.

Ce sont les notes rapides réunies sur ces poissons, mollusques, crustacés, etc., qui font l'objet de ce chapitre final.

## Les Poissons

Les naturalistes divisent les poissons en deux genres principaux : les *poissons cartilagineux*, parmi lesquels sont rangés les squales et un grand nombre de poissons plats, notamment les raies et les torpilles ; et les *poissons osseux*, qui comprennent plus particulièrement les races des *poissons nageurs*.

**Les Squales.** — Nous parlerons d'abord des poissons cartilagineux, et nous commencerons par les squales ou requins.

Ce nom de requin évoque immédiatement l'idée de ces squales gigantesques qui font la terreur des plongeurs et des marins.

La mémoire pleine des sinistres exploits de ces grands mangeurs d'hommes, les visiteurs de l'Aquarium, auxquels on montre des squales de 1 m. 25 de longueur, s'imaginent que ce sont là de faux requins.

Il n'en est rien cependant.

Le requin est caractérisé zoologiquement, non par ses proportions énormes et sa férocité, mais par certaines particularités anatomiques qui se retrouvent dans les espèces de toutes tailles. De sorte que les petites roussettes de 50 centimètres de longueur qui, à l'Aquarium, évoluent si

gracieusement le long des dalles des bacs en faisant admirer la blan_
cheur de leur ventre, ont tout autant de droits au titre de squales que le
grand pèlerin, ce géant de 4 ou 5 mètres qu'aucun aquarium ne possé-
dera jamais, car sa quadruple mâchoire aurait vite raison des pêcheurs
et de leurs engins.

L'Aquarium, nous l'avons dit déjà, possède diverses variétés de requins :
nous avons signalé la présence de petits requins bleus, d'un marteau-
maillet, et de deux requins milandres ou tigrés.

Il nous reste à dire quelques mots de la *roussette* ou *chien de mer*,
l'un des plus petits parmi les squales, et dont on trouve des représentants dans plusieurs bacs. (Nos II, IV et VI.)

Les caractéristiques du requin sont les suivantes : le corps n'a pas
d'écailles, mais des plaques osseuses qui rendent la peau dure au toucher ; la bouche forme une large fente sous la tête ; sur le cou se trouvent
les branchies au nombre de cinq au moins.

Alors que tous les poissons osseux ont des yeux ronds qu'ils ne peuvent
fermer, les squales ont des paupières mobiles qu'ils laissent tomber sur
leurs yeux lorsqu'ils sont au repos sur le sable.

**Les Roussettes.** — Telles sont les roussettes, grandes ou petites.

Les premières dépassent rarement 1 mètre de longueur, les secondes
n'ont guère plus d'un demi-mètre.

L'aquarium possède des types des deux espèces.

Ce sont des poissons allongés, au dos jaunâtre marbré de taches brunes
et au ventre blanc.

La petite roussette traverse assez souvent le bac ou monte à la surface
en nageant d'un mouvement souple de la queue ; la grande est plus
paresseuse et demeure plus volontiers, le jour surtout, étendue sur le
sable.

Ces poissons, malgré leur petite taille, sont aussi voraces que les grands
squales : ils ont d'ailleurs la bouche large et garnie de dents solides ; leur
nourriture se compose uniquement de poissons morts.

Les visiteurs peuvent voir quelquefois à l'Aquarium, soit gisant sur le
sable, soit attachées à une algue ou à un madrépore, des sortes de capsules
presque plates, de forme oblongue et faites d'une matière cornée transpa-
rente ; ces capsules sont accrochées aux plantes marines à l'aide de fils
enroulés qui s'attachent aux quatre coins. Ce sont les œufs des roussettes, des œufs qui sont, comme ceux des oiseaux, composés de blanc et
de jaune ; et dont la transparence est telle qu'on peut suivre les progrès
du développement du poisson à travers la capsule.

Les roussettes sont très fécondes et donnent quatre ou cinq pontes par année; mais les œufs mettent sept ou huit mois pour éclore. Aussitôt sortis de l'œuf, les petits se nourrissent seuls et ne réclament aucuns soins de leurs parents.

**Les Raies**. — Les raies sont aussi des poissons cartilagineux. Leur

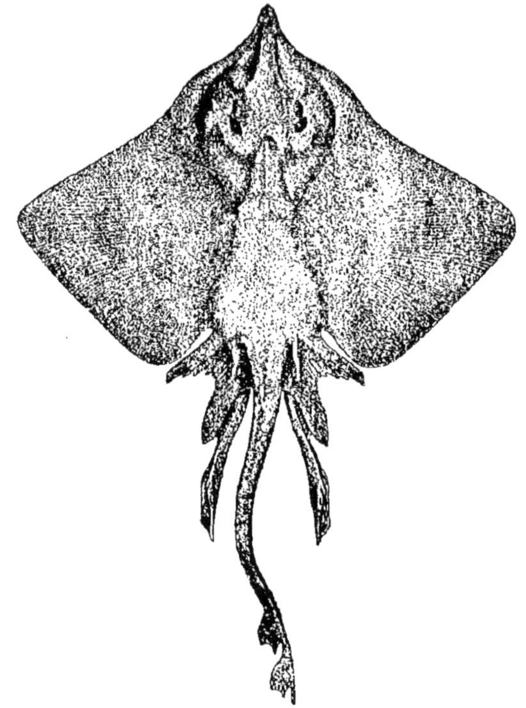

RAIE

corps affecte la forme du disque, et il est aplati de haut en bas. Les yeux sont sur la partie supérieure, tandis que la partie inférieure porte la bouche, les narines et les fentes branchiales.

Les visiteurs remarqueront à l'Aquarium (bacs I et VII) les deux principales espèces de raies, la *raie commune* et la *raie batis*, nageant parfois d'un mouvement lent et majestueux, mais le plus souvent au repos sur le sable, suivant l'habitude des pleuronectides ou poissons plats.

**Les Torpilles**. — La torpille est un poisson à cartilages du même genre que la raie. Sur les deux côtés de son corps arrondi se trouvent des plaques où viennent aboutir les nerfs qui constituent son *organe élec-trique*. Cet organe, qui est pour la torpille une arme défensive, lui sert également pour tuer les petits animaux dont elle fait sa nourriture.

L'Aquarium possède, dans les bacs n⁰ˢ I, IV et VI, des torpilles de différentes grandeurs.

## *Les Poissons osseux*

Nous avons déjà, au cours de notre revue des bacs, parlé d'un grand nombre de poissons osseux.

Nous ne reviendrons pas sur les poissons plats qui habitent le bac n⁰ I, les gades, les chabots, les esturgeons du bac n⁰ V, les trigles, rascas-

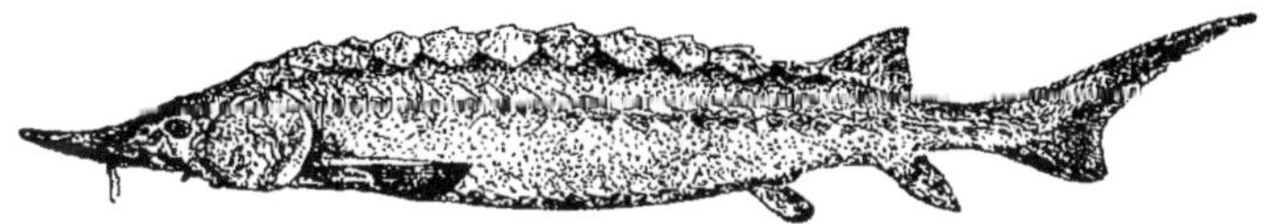

ESTURGEON

ses, etc., des autres bassins. Il nous suffit de donner quelques détails sur diverses races de poissons nageurs qui servent surtout à mettre de l'animation dans les bacs.

**Les Labres**. — Parmi ceux-ci, les labres doivent être cités tout d'abord.

Ce sont en effet des poissons nageurs par excellence. Cette famille compte une infinité d'espèces qui, toutes, se distinguent par les belles couleurs de leurs écailles.

L'Aquarium montre à ses visiteurs (bacs n⁰ˢ IV, VI, VII et VIII) des représentants de la plupart de ces espèces : des *vieilles*, des *girelles* et des *perroquets de mer*, dont les flancs portent les nuances les plus variées.

**Les Bars**. — Les bars sont aussi très nombreux à l'Aquarium. La plupart des bacs en contiennent.

Le bar est reconnaissable à son dos gris à reflets d'un bleu d'acier argenté, à son ventre d'un beau blanc d'argent.

Des légions de petits bars nagent vers les hauteurs de la plupart des bassins ; les bacs nᵒˢ IV et VIII en montrent plusieurs de belle taille.

**Les Serrans**. — Les serrans ou perches de mer sont des poissons

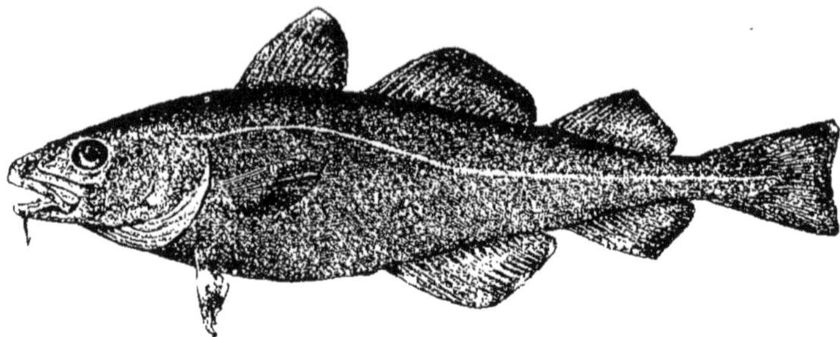

MORUE

moins agiles que les labres et les bars. Comme les premiers, ils ont le corps orné d'assez belles couleurs.

Le serran proprement dit, le plus commun à l'Aquarium, est un pois-

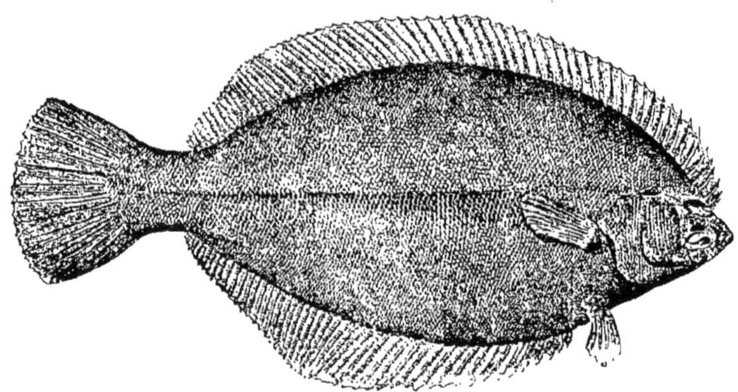

LIMANDE

son de petite taille dont le corps est d'un gris jaunâtre avec des teintes bleuâtres, et qui porte sur la tête des bandes obliques et sur le corps des bandes longitudinales d'un beau rouge vermillon.

**Les Sargues**. — Ce sont des poissons au corps comprimé et élevé dont la courbure du dos décrit un arc de cercle assez ouvert. Leur couleur est un gris argenté à reflets rougeâtres, très pâles sur le dos et blanchâtres sous le ventre.

La plupart des bacs de l'Aquarium renferment des types de cette famille.

×  *  ×

On trouve également dans tous les bassins des poissons communs sur lesquels il nous paraît inutile d'insister, notamment des *congres* ou anguilles de mer de toutes les tailles, des *colins*, des *mulets*; enfin, des *athérines* aux reflets d'argent, et des *sardinelles* qui servent de nourriture aux espèces plus grandes.

Un autre petit poisson mérite une mention spéciale, c'est le *gastré* ou *épinoche de mer* qu'on rencontre dans divers bacs de l'Aquarium et en particulier dans le bassin n° IX, réservé aux petites espèces.

C'est un gracieux petit poisson dont le corps est dix fois plus long qu'il n'est gros. Sa couleur est un brun verdâtre en dessus et à la queue, et un blanc argenté sous la poitrine et le ventre.

## Les Crustacés

Le fond des bacs de l'Aquarium est habité par les espèces les plus diverses de crustacés.

Dans le bassin n° VI, notamment (les Basaltes), on rencontre des crabes variés, *tourteaux* énormes qui se juchent au sommet des roches, *crabes nageurs*, *crabes enragés*.

Dans l'article particulier à ce même bac, nous avons noté qu'on y trouvait également l'étrange crustacé parasite qu'on appelle *bernard l'ermite* ou *soldat*.

Dans les bacs n°ˢ IV et VIII, on peut voir de superbes *langoustes* et des *homards bleus*. De temps à autre ces mêmes bacs renferment des *araignées de mer* ou *maïas*, le plus hideux des crustacés, et des *limules*, étrange animal dont le corps est enfermé dans un double bouclier.

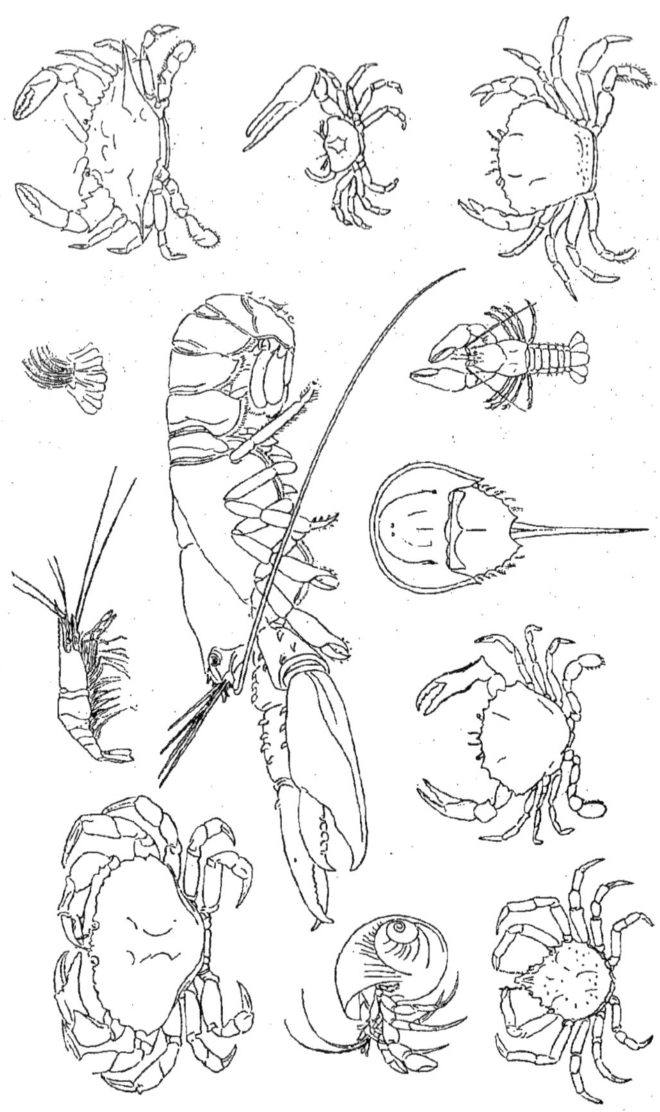

CRUSTACÉS

## Les Mollusques

Il serait impossible de citer même les noms de toutes les variétés de mollusques qui habitent l'Aquarium d'une façon irrégulière et suivant la saison favorable à l'acclimatation de telle ou telle espèce.

Il nous suffira de signaler certains grands mollusques céphalopodes qu'on a rarement l'occasion de voir dans des bassins d'Aquarium. Ce sont les *seiches*, les *calmars* et les *poulpes*.

Les bacs IV et VIII contiennent souvent des spécimens de ces trois espèces de céphalopodes, qui viennent de l'Océan.

La seiche a le corps plat et ovale, entouré d'une nageoire unique sur toute son étendue ; le calmar — très rare à l'Aquarium, à cause de sa sensibilité — a au contraire deux nageoires distinctes à l'extrémité du corps.

Quant au poulpe, dont les petites espèces s'acclimatent à l'Aquarium, c'est une bête étrange dont le corps ressemble à un sac. De sa tête courte, ornée de gros yeux, partent huit bras armés de ventouses, sous lesquels, au centre, se cache la bouche en forme de bec recourbé. Ces mollusques se nourrissent surtout de crabes et de petits poissons, que, de leurs bras vigoureux, ils saisissent au passage.

Très paresseux durant le jour, ils se cachent sous les pierres ou dans les creux des roches, dont ils ont la faculté de prendre la couleur. Cette particularité les rend difficilement visibles pour les spectateurs.

* * *

Outre tous ces animaux, l'Aquarium renferme encore un grand nombre d'échinodermes et notamment des astéries de toutes les grandeurs que l'on peut voir dans les bacs de la salle et dans ceux du plafond.

Enfin, nous ne pouvons oublier les algues, varechs, goémons de tous genres, ulves vertes, conferves, gazons de mer, mousses chondrilles, qui concourent à assainir et à décorer tout à la fois les bassins de l'Aquarium.

# CONCLUSION

En résumé, devant la réunion de tant d'êtres divers, plantes marines, zoophytes, madrépores coralliaires, spongiaires, polypiers de toutes sortes, mollusques, crustacés. innombrables, squales et poissons de toutes tailles, nous avons la sensation de cette « exubérance de vie » dont parle Humboldt, et dont aucune région du globe ne peut donner l'idée aussi justement que le fond de la mer.

Des êtres, dont les conditions d'existence nous étaient inconnues jusqu'ici, s'offrent à notre étude ; nous sommes initiés au labeur des travailleurs de la mer, scaphandriers, pêcheurs de perles et de coraux.

Tout ceci, c'est l'œuvre utile, c'est l'œuvre de science que les promoteurs de l'Aquarium ont accomplie.

Quant à l'œuvre d'art, elle est partout, dans le plafond si coloré, dans tous les détails de cette salle si harmonieusement garnie, dans chacun de ces bacs, dont la décoration particulière et si bien étudiée, constitue le plus admirable tableau animé.

Ici, ce sont les plus étranges variétés d'animaux marins qui s'agitent à nos yeux ; là-bas, c'est la flore de l'océan qui nous dévoile ses formes et ses colorations les plus curieuses ; plus loin, dans un décor profond, aux accords mystérieux d'une musique lointaine, voici qu'apparaissent de hardis plongeurs, d'élégantes plongeuses ou des sirènes aux mouvements souples.

Ainsi, de quelque côté que nous nous tournions, une merveille s'offre à nous : et, quand nous sortons de l'Aquarium, c'est l'esprit tout plein des splendeurs sous-marines, c'est l'imagination doucement bercée par toutes ces apparitions plus délicieuses que celles des contes féeriques de notre enfance.

# Les Cafés-Restaurants de l'Aquarium

MM. Albert et Henri Guillaume ont encadré l'Aquarium de magnifiques cafés-restaurants, qui occupent toute la bordure de la Seine, à droite comme à gauche du grand escalier des Jardins de la Ville. C'est le lieu obligé du repos après les longues promenades; c'est le coin délicieux où le visiteur trouve l'ombre et la fraîcheur.

On y découvre un ensemble décoratif qui relient l'admiration. Ces deux cafés représentent en effet, le premier un intérieur de pêcheurs bretons, l'autre un logis de matelots boulonnais : bahuts anciens, tables massives, filets courant le long des murailles, petits bateaux pendus en ex-voto aux poutres du plafond; et, à travers tout cela, des Bretons aux vestes courtes, aux gilets bariolés, de jolies Boulonnaises à la jupe rouge, à la coiffe en auréole, s'agitent, vendant au public mollusques et coquilles et tous les comestibles de la mer. Rien n'a été négligé pour donner à ces cafés le plus pur cachet artistique : les pilastres du premier plan sont ornés de superbes figures décoratives, les *Océanides* de Maurice Duval, si remarquées au Salon de 1899; la *Sirène* et la *Mer phosphorescente*, la *Tempête*

et le *Calme*, l'*Algue* et le *Coquillage*, le *Corail* et la *Perle*; et, au fond des cafés, s'étendent de très belles vues panoramiques de Paul Fournier représentant la surface de l'Océan.

Ces merveilleux établissements sont situés dans l'endroit le plus gai et le plus animé de l'Exposition.

La circulation entre la rive gauche et la rive droite, dans cette partie qui s'étend entre le pont des Invalides et le pont de l'Alma, est énorme. Sur la rive gauche, les pavillons des puissances étrangères; sur la rive droite, le palais des Congrès, le palais de l'Horticulture et la rue de Paris.

De larges passerelles adossées aux deux ponts encadrent ce splendide bassin des Fêtes. Les berges de la rive droite surtout sont très fréquentées. Un escalier de 30 mètres de large a été jugé nécessaire pour donner accès à la foule de la berge à cette rue de Paris où s'épanouit, sous toutes les formes les plus pittoresques et les plus amusantes, le caprice parisien. De chaque côté de l'escalier se trouvent les cafés-restaurants bretons et boulonnais.

RUE DE PARIS
Cours-la-Reine

# Théâtre des Bonshommes Guillaume

20000 Marionnettes artistiques

❀ ❀ ❀

Saynètes

✠ ✠ ✠ ✠

Revue Parisienne

✠ ✠ ✠ ✠

Défilé militaire

✠ ✠ ✠ ✠

Bal des quat'z-arts,
etc., etc.

❀ ❀ ❀

*Représentations permanentes
de 2 heures à minuit*

*Matinées réservées aux familles*

# BAR. — VUE SUR LES JARDINS
## de la Ville de Paris

9 782016 129302